图书在版编目（CIP）数据

化学与人体 / 李华金编 . —成都：成都地图出版社，
2013.5（2021.11 重印）
（换个角度看世界）
ISBN 978 – 7 – 80704 – 686 – 8

Ⅰ.①化… Ⅱ.①李… Ⅲ.①化学 – 关系 – 健康 – 青
年读物②化学 – 关系 – 健康 – 少年读物 Ⅳ.①06–49
② R161–49

中国版本图书馆 CIP 数据核字（2013）第 076207 号

换个角度看世界——化学与人体

HUANGE JIAODU KAN SHIJIE—HUAXUE YU RENTI

责任编辑： 游世龙
封面设计： 童婴文化

出版发行： 成都地图出版社
地　　址： 成都市龙泉驿区建设路 2 号
邮政编码： 610100
电　　话： 028 – 84884826（营销部）
传　　真： 028 – 84884820

印　　刷： 三河市人民印务有限公司
（如发现印装质量问题，影响阅读，请与印刷厂商联系调换）

开　　本： 710mm × 1000mm　1/16
印　　张： 14　　　　　　**字　　数：** 230 千字
版　　次： 2013 年 5 月第 1 版　　**印　　次：** 2021 年 11 月第 8 次印刷
书　　号： ISBN 978 – 7 – 80704 – 686 – 8
定　　价： 39.80 元

在生活当中，有许许多多的化学物质与化学反应现象陪伴在我们的身边。例如水是由碳和氢两种元素组成的，生活中食用的小苏打的化学成分是 $NaHCO_3$，木炭、纸张的燃烧，铁的生锈，食物的腐烂等。在课堂上，我们还学习了许多生活中不常见，但是很有趣的化学现象。于是，我们往往会感觉到化学是那么的神奇，那么的有趣。

可是，你可曾想到过，其实我们的人体当中就有成百上千的化学物质和化学反应，并且它们时时刻刻都在进行着。如果这些化学反应一旦停止，就意味着生命的结束。

学习人体中的化学，不只是为了了解我们人体中的化学反应，更重要的是我们学习了这些知识后，就能够了解我们人体当中都需要什么，清晰地认识到自身身体的各种生命活动流程，学会生理保健，从而帮助我们加强营养，远离有害物质，保持好一个健康的身体。

本书告诉我们在日常生活当中应注意加强各方面的营养，不应挑食、偏食，详细地讲解了人体当中各类营养物质在新陈代谢当中的反应历程；又告诉我们在生活当中人的机体是如何工作的。最后列举了人体各种情绪的化学反应原理，着重介绍了兴奋剂、毒品、烟草、酒精等化学制品在人体中的化学反应及其危害。

CONTENTS 目录

化学与人体

人体中的化学元素与人体健康

　　自然界中的一切物质都是由化学元素组成的，人体也不例外。人体内至少含有 60 种化学元素，与生命活动密切相关的元素被称为生命元素。这些元素对我们的健康起着举足轻重的作用。那么，我们的体内到底有哪些化学元素呢？这些元素对人体分别有什么作用呢？人体中的必需元素有哪些呢？微量元素又有哪些呢？

生命元素

在天然条件下，地球上或多或少地可以找到 90 多种元素。根据目前掌握的情况，多数科学家比较一致的看法，认为生命必需元素共有 28 种，包括氢、硼、碳、氮、氧、氟、钠、镁、硅、磷、硫、氯、钾、钙、钒、铬、锰、铁、钴、镍、铜、锌、砷、硒、溴、钼、锡和碘。

知识小链接

元　素

元素又称化学元素，指自然界中一百多种基本的金属和非金属物质，它们只由几种有共同特点的原子组成，其原子中的每一核子具有同样数量的质子，质子数决定元素的种类。所有化学物质都包含元素，即任何物质都包含元素。随着人工核反应的探索，更多的新元素将会被发现。

硼是某些绿色植物和藻类生长的必需元素，而哺乳动物并不需要硼，因此，人体必需元素实际上为 27 种。在这 28 种生命必需的元素中，按其在人体内含量的高低可分为宏量元素（常量元素）和微量元素。

宏量元素（常量元素）指含量占生物体总质量 0.01% 以上的元素，如氧、碳、氢、氮、磷、硫、氯、钾、钠、钙和镁。这些元素在人体中的含量均在 0.03%～62.5%，这 11 种元素共占人体总质量的 99.95%。

微量元素指占生物体总质量 0.01% 以下的元素，如铁、硅、锌、铜、溴、锡、锰等。这些微量元素占人体总质量的 0.05% 左右。微量元素在人体内的含量虽小，但在生命活动过程中的作用是十分重要的。

🔘 人体中的常量元素

人体中大约 65% 是水，余下的 35% 固体物质中，绝大部分是常量元素。人体中 11 种常量元素的含量如下表所示：

人体中的 11 种常量元素

元素	%	元素	%	元素	%
碳（C）	18.5	钙（Ca）	2.5	钠（Na）	0.10
氧（O）	6.5	磷（P）	1.1	钾（K）	0.10
氢（H）	2.7	氯（Cl）	0.16	镁（Mg）	0.07
氮（N）	2.6	硫（S）	0.14		

钠　钠占细胞外液中阳离子总数的 90% 以上。细胞外液的渗透压主要由钠维持，钠含量的增加可直接影响细胞外液量。钠增多可引起水肿，减少可造成脱水或血容量不足。钠能增加神经肌肉的兴奋性。钠的平衡主要由肾脏调节。钠盐摄入多时肾排出量增加，摄入减少时肾排出量减少，禁食时尿中的钠可减至最低限度。大量消化液丧失可引起不同程度的缺钠。正常成人每天需要摄入氯化钠 5~9 克，相当于等渗盐水 500~1000 毫升。

趣味点击　高钾血症

高钾血症是指血清中钾离子浓度高于 5.5 mmol/L。高钾血症的患者机体内 K^+ 的含量不一定高。正常情况下，机体具有调节钾浓度的有效机制，故不易发生高钾血症，但一旦出现短时间或长时间内不能逆转的各种因素，皆会发生高钾血症。导致高钾血症的主要原因有：①钾的摄入量过多；②钾的排出减少；③组织破坏；④钾的分布异常。高钾血症可导致心脏和呼吸肌功能的严重损害，需积极处理。

钾 钾为细胞内液中的主要阳离子，全身钾总量的98%在细胞内。钾在细胞外液中含量不多，但有极为重要的生理作用。钾能增加神经肌肉的应激性，但对心肌却起抑制作用。钾的来源全靠在食物中摄入，85%由肾排出。肾对钾的调节能力很低，在禁食和血钾很低的情况下，每天仍然要从尿中排出相当的钾盐。因此，病人禁食2天以上，就必须通过静脉补钾，否则会引起低钾血症。成人每日需摄入钾盐2～3克，相当于10%氯化钾20～30毫升。

镁 镁主要分布在细胞内，其含量仅次于钾，且大部分在线粒体内，参加与代谢有关的酶的催化活动，是机体存活的必要元素之一。镁能减少神经末梢释放乙酰胆碱，因而有抑制周围神经的功能。体内缺镁时，临床上出现运动神经兴奋性增强的症状。镁与钙两者的化学性质相近，缺乏时引起的症状也相似，在与神经的生化系统结合时，两者发生竞争。故镁中毒时可用大量钙离子抑制其毒性；而镁缺乏时如误用钙剂治疗，则症状反而加重。镁广泛存在于绿色蔬菜和肉类、乳类中，经小肠吸收，一般不致缺乏。但慢性肠瘘和长期禁食的病人，则可能缺镁。

常量元素与人体健康

人体内每种元素都有着自己特定的作用，它们彼此之间相辅相成，在人体中构成一个化学平衡，维系着人体的生命活力。

◎钙

随着社会的发展，人民生活水平也不断地提高。由于各地传统的饮食习惯，加之食之过精、偏食和不良生活习惯等原因，致使我国一些地区的部分人群体内钙元素偏低。由于缺钙，使儿童、妇女、老年人甚至青壮年产生多种疾病。近年来，科学的发展和医学的进步，使人们对缺钙的危害性已有了足够的认识。面对市场上的多种钙剂，由于其质量良莠不齐，还有铺天盖地的广告宣传，令人无所适从。因此，消费者只有走出补钙误区，才能明明白白地补钙。

1. 钙在人体内的分布

钙是人体中含量最丰富的元素之一，同时也是含量最丰富的矿物质元素，约占人体总重量的 1.5%～2.0%。大约99%的钙集中在骨骼和牙齿内，其余分布在体液和软组织中。血液中的钙不及人体总钙量的0.1%。正常人血浆或血清的总钙浓度比较恒定，儿童稍高，常处于上限。随着年龄的增长，男子血清中的钙含量下降；而女子血清中的钙含量却上升。

📝 知识小链接

矿物质

矿物质（又称无机盐）是人体内无机物的总称，是地壳中自然存在的化合物或天然元素。矿物质和维生素一样，是人体必需的元素，矿物质是无法在人体自身产生、合成的，人体每天对矿物质的摄取量也是基本确定的，但随年龄、性别、身体状况、环境、工作状况等因素有所不同。

---

2. 钙的生理功用

（1）钙是构成骨骼和牙齿的主要成分，起支持和保护作用。

（2）钙对维持体内酸碱平衡，维持和调节体内许多生化过程是必需的，它能影响体内多种酶的活动，如 ATP 酶、脂肪酶、淀粉酶、腺苷酸环化酶、鸟苷酸环化酶、磷酸二酯酶、酪氨酸羟化酶、色氨酸羟化酶等均受钙离子调节。钙离子被称为人体的"第二信使"和"第三信使"，当体内钙缺乏时，蛋白质、脂肪、碳水化合物不能被充分利用，导致营养不良、厌食、便秘、发育迟缓、免疫功能下降。

（3）钙对维持细胞膜的完整性和通透性是必需的。钙可降低毛细血管的通透性，防止渗出，控制炎症与水肿。当体内钙缺乏时，会引起多种过敏性疾病，如哮喘、荨麻疹、婴儿湿疹、水肿等。

（4）钙参与神经肌肉的应激过程。在细胞水平上，钙作为神经和肌肉兴奋—收缩之间的耦联因子，促进神经介质释放和分泌腺分泌激素的调节剂，传导神经冲动，维持心跳节律等。当神经冲动到达神经末梢的突触时，突触膜由于离子转移产生动作电位，细胞膜去极化。钙离子以平衡电位差的方式进入细胞，促进神经小泡与突触膜接触并向突触间隙释放神经递质。这一过程中钙离子在细胞膜内外转移是必需的，同时还依靠钙转移的浓度对反应强度进行调节，钙浓度高时反应强，反之则弱。由于钙的神经调节作用对兴奋性递质（乙酰胆碱、去甲肾上腺素）和抑制性递质（多巴胺、5－羟色胺、γ－羟基丁酸）具有相同的作用，因此当机体缺钙时，神经递质释放受到影响，神经系统的兴奋与抑制功能均下降。在幼儿中表现较明显，常见为烦躁多动、性情乖张和多汗；中老年表现为神经衰弱、神经调节能力和适应能力下降。

基本小知识

细胞膜

细胞膜又称细胞质膜，是细胞表面的一层薄膜，有时称为细胞外膜或原生质膜。细胞膜的化学组成基本相同，主要由脂类、蛋白质和糖类组成。此外，细胞膜中还含有少量水分、无机盐与金属离子等。

（5）钙参与血液的凝固、细胞黏附。体内严重缺钙的人，如遇外伤可致流血不止，甚至引起自发性内出血。

近年来医学研究证明，人体缺钙除了会引起动脉硬化、骨质疏松等疾病外，还能引起细胞分裂亢进，导致恶性肿瘤；引起内分泌功能低下，导致糖尿病、高脂血症、肥胖症；引起免疫功能低下，导致多种感染；还会出现高血压、心血管疾病、老年性痴呆等。

3. 钙的来源

食物中钙的来源以奶及奶制品最好，不但含量丰富，且吸收率高，是婴幼儿最理想的钙源。蔬菜、豆类和油料作物种子含钙量也较丰富，其中特别突出的有黄豆及其制品、黑豆、赤小豆、各种瓜子、芝麻、小白菜等。小虾皮、花菜、海带等含钙也很丰富。饮食中应适当增加这些食品。此外，还应根据需要，适当服用葡萄糖酸钙、乳酸钙等容易吸收的钙制剂。需要注意的是，蔬菜或水果中的草酸，以及大量的脂肪，都会阻碍钙的吸收。为提高人体对钙的吸收率，还必须同时摄入丰富的维生素 D，或经常晒太阳。因为人体皮肤内的 7 - 脱氢胆固醇经日光中紫外线的照射，可转变成维生素 D。

拓展阅读

草 酸

草酸即乙二酸，是最简单的有机二元酸之一。它一般是无色透明的结晶，对人体有害，会使人体内的酸碱度失去平衡，影响儿童的发育。草酸在工业中有重要作用，可以除锈。草酸遍布于自然界，常以草酸盐形式存在于植物如伏牛花、羊蹄草的细胞膜。几乎所有的植物都含有草酸钙。

4. 影响钙吸收的因素

趣味点击　钙化灶

钙化灶是指用 B 超或 CT 扫描栏测到的某器官出现类似结石一样的强回声或高密度影像的钙质沉淀。常见的有肝钙化灶、肺钙化灶、前列腺钙化灶、肾化灶等。

（1）肠道 pH 值条件：食物钙易溶解于酸性物质，尤其是胃酸与钙形成可溶性 $CaCl_2$，最有利于吸收。其他如酸性氨基酸、乳酸等能酸化肠道环境的物质均有利于钙的溶解和吸收。但草酸、碳酸、核苷酸和尿酸等弱酸与钙形成难溶物质，不仅干扰钙的吸收，还引起钙在组织中沉淀成为钙化灶，在器官内沉淀形成结石。

（2）维生素 D：食物中的维生素 D 以及羟化维生素 D 是钙在肠道中被吸

收的关键因素。足量的羟化维生素 D 能加快钙离子在肠黏膜刷状缘积聚，增加细胞内钙结合蛋白的合成，加速细胞内钙的迁移，使肠组织内钙的分布更广泛均匀。维生素 D 须在肾脏修饰成羟化维生素 D，当肝肾功能受损时，维生素 D 修饰会发生障碍，从而影响钙的吸收和代谢。

（3）酪蛋白磷酸肽：食物中的钙在胃中与胃酸结合为最有利于吸收的可溶性 $CaCl_2$，但一旦进入肠道中，碱性环境就会破坏等电条件，甚至与弱酸结合产生沉淀从而干扰吸收。酪蛋白经消化与磷酸结合成为酪蛋白磷酸肽。酪蛋白磷酸肽在小肠与钙结合成可溶性盐，有利于吸收。

（4）磷酸与有机酸：大多数有机酸均为弱酸，在肠道的碱性环境中与钙形成难溶物质阻碍钙的吸收。钙的吸收需要有磷的存在。食物中的钙磷比例以 2∶1 为适当，当钙含量过高、磷含量相对低时会造成钙吸收不良，反之则因形成磷酸钙沉淀而不能被吸收。

基本小知识

弱　酸

弱酸是指在溶液中不完全电离的酸。例如常用 HA 表示酸，其在水溶液中除了电离出质子 H^+ 外，仍有为数不少的 HA^- 在溶液当中。中学化学常见的弱酸有：H_2CO_3（碳酸）、HF（氢氟酸，较少见）、CH_3COOH（醋酸）、H_2S（氢硫酸）、HClO（次氯酸）、HNO_2（亚硝酸，较少见）。

（5）激素：多种激素会影响钙的吸收，如维生素 D、甲状旁腺素、降钙素、雌性激素、甲状腺素、糖皮质激素、生长激素、雄性激素等。

（6）脂肪与蛋白：高蛋白饮食抑制钙的吸收，过多的脂肪膳食又由于脂肪的水解消化，产生的脂肪酸与钙结合成脂肪酸皂钙沉淀而阻碍钙的吸收。

（7）其他：钠、钾、氟、镁等元素，中草药和抗生素，抗癫痫药和利尿剂及过量的维生素 D 治疗可能阻碍钙的吸收。

研究证实，人体食物中钙的吸收率随年龄增长而下降（与年龄成反比），婴儿对钙的吸收率大于 50%；儿童对钙的吸收率在 40% 左右；成年人对钙的吸收率在 20% 左右；40 岁以后，钙的吸收率直线下降，不论其营养状况如何，平均每10年减少5%~10%。

以此为依据，成年人尤其是老年人应重视补钙。婴儿及儿童应重视钙的自然摄入和适当补钙。但从物质代谢平衡角度来看，补钙应该在"完全膳食"的基础上，针对不同人群的生理特点分别进行。

◎ 磷

磷是构成人体骨骼和牙齿的主要成分。骨骼和牙齿中的磷占人体总磷量的85%。身体内90%的磷是以磷酸根（PO_4^{3-}）的形式存在。牙釉质的主要成分是羟基磷灰石和少量氟磷灰石、氯磷灰石等。羟基磷灰石是不溶性物质。当糖吸附在牙齿上并且发酵时，产生的 H^+ 和 OH^- 结合生成 H_2O 和 PO_4^{3-}，就会使羟基磷灰石溶解，使牙齿受到腐蚀。如果用氟化物取代羟基磷灰石中的 OH^-，生成的氟磷灰石能抗酸腐蚀，有助于保护牙齿。磷也是构成人体组织中细胞的重要成分，它和蛋白质结合成磷蛋白，是构成细胞核的成分。此外，磷酸盐在维持机体酸碱平衡中有缓冲作用。成年人每天摄取800～1200毫克磷就能满足人体的需要。当人体中缺磷时，就会影响人体对钙的吸收，就会患软骨病和佝偻症等。因此，必须注意摄取含磷的食物。成年人膳食中钙与磷的比例以1.5∶1.1 为宜。初生儿体内含钙少，钙与磷的比例可接近5∶1。

知识小链接

牙釉质

牙釉质是牙冠外层的白色半透明的钙化程度最高的坚硬组织，主要起保护牙齿内部的作用，是人体中最坚硬的物质，其硬度仅次于金刚石，主要成分为羟基磷灰石。

磷摄入或吸收的不足可以导致低磷血症，引起红细胞、白细胞、血小板的异常，导致软骨病；因疾病或过多地摄入磷，将导致高磷血症，使血液中血钙降低从而导致骨质疏松。

如果摄取过量的磷，会破坏矿物质的平衡和造成缺钙。因为磷几乎存在于所有的天然食物中，在日常饮食中就可以摄取丰富的磷，不必再专门补充。特别是40岁以上的人，由于肾脏不再帮助排出多余的磷，因而会导致缺钙。为此，应该减少食肉量，多喝牛奶，多吃蔬菜。

一般国家对磷的供给量都无明确规定。因为1岁以下的婴儿只要能按正常要求喂养，钙能满足需要，磷必然也能满足需要；1岁以上的幼儿以至成人，由于所吃食物种类广泛，磷的来源不成问题，故实际上并无规定磷供给量的必要。一般说来，如果膳食中钙和蛋白质含量充足，则所得到的磷也能满足需要。

人类的食物中有很丰富的磷，特别是谷类和含蛋白质丰富的食物，常用的含磷食品主要有豆类、花生、鱼类、肉类、核桃、蛋黄等。故人类营养性的磷缺乏是少见的。但由于精加工谷类食品的增加，人们也在面临着磷缺乏的危险。

◎ 镁

人类开始对镁的生理作用的研究，是从20世纪70年代末80年代初开始的。而人体镁缺乏症引起人们的注意比较晚。

1. 镁在人体中的作用

成年人体内含镁量为20~30克，75%的镁以磷酸盐和碳酸盐的形式存在于骨骼和牙齿中，其余25%存在于软组织中。人体内到处都有以镁为催化剂的代谢系统，约有100个以上的重要代谢必须靠镁来进行，镁几乎参与人体所有的新陈代谢过程。镁具有多种特殊的生理功能，它能激活体内多种酶，抑制神经异常兴奋性，维持核酸结构的稳定性，参与体内蛋白质的合成、肌肉收缩及体温调节。镁还有维持生物膜电位的作用。

2. 体内含镁量与几种常见病的关系

（1）脑血管病
科学家通过研究发现，饮食中镁、钙的含量与脑动脉硬化发病率有关。科研结果显示，当血管平滑肌细胞内流入过多的钙时，会引起血管收缩，而镁能调解钙的流出量和流入量，因此缺镁可引起脑动脉血管收缩。脑梗塞急性期病人的脑脊液中镁的含量比健康人低，而静脉注射硫酸镁后，会引起脑血流量的增加。血中钙离子过多也会引起血管钙化，镁离子可抑制血管钙化，所以镁被称为天然钙拮抗剂。实验还证实，脑脊液和脑动脉壁中保持高浓度镁是血管痉挛的缓冲机制。

（2）高血压病

科学家在研究高血压病因时发现：给患者服用胆碱（B族维生素中的一种）一段时间后，患者的高血压病症，像头痛、头晕、耳鸣、心悸都消失了。根据生物化学的理论，胆碱可在体内合成，而实际合成中，仅有维生素 B_6 不行，必须有镁的帮助，而在高血压患者中往往存在严重的缺镁情况。

（3）糖尿病

糖尿病是由于吃过多的动物性蛋白质及高热量所致。我们来看美国一位生化博士对糖尿病原因的叙述：当人体吸收的维生素 B_6 过少时，人体所吸收的色氨酸就不能被身体利用，它转化为一种有毒的黄尿酸。当黄尿酸在血中过多时，在48小时就会使胰脏受损，使其不能分泌胰岛素而发生糖尿病，同时血糖增高，不断由尿中排出。只要维生素 B_6 供应足够，黄尿酸就减少。镁可减少身体对维生素 B_6 的需要量，同时减少黄尿酸的产生。凡患糖尿病的人，血中的含镁量都特别低，因此，糖尿病是维生素 B_6 和镁这两种物质缺乏而引起的。

除上述几种常见病外，缺镁还会引起蛋白质合成系统的停滞、激素分泌的减退、消化器官的机能异常、脑神经系统的障碍等。这些病症中有许多是直接或间接和镁参与的代谢系统变异有关的。

基本小知识

激 素

激素对机体的代谢、生长、发育、繁殖、性别等起重要的调节作用。它是由高度分化的内分泌细胞合成并直接分泌入血的化学信息物质，它通过调节各种组织细胞的代谢活动来影响人体的生理活动。

3. 人体缺镁与下列情况有关

（1）蔬菜短缺、蔬菜摄入量不足、蔬菜加工程序复杂致使其含镁量大减。

（2）经常食用磷过量食品，如肉、鱼、蛋、虾等，动物蛋白食物中的磷化合物能使肠道中的镁吸收困难，而这些磷过量的食物却是我们推崇的高蛋白营养物。

（3）靠雪水生活的地区，人们经常饮用"纯水"。"纯水"包括蒸馏水、太空水、纯净水，这些水固然纯净，但它在除去有害物质的同时，也除去了包括镁在内的有益营养物质。

（4）酒、咖啡和茶水中的咖啡因也会使食物中的镁在肠道吸收困难，造成镁的排泄量增加。

（5）食用食盐过量会使细胞内的镁减少。

（6）身心负荷"超载"引起应激反应，可使尿中镁的排泄量增加。

膳食中镁的主要食物来源有小米、燕麦、大麦、豆类、花生、核桃、小麦、菠菜、芹菜叶、肉类和动物肝脏等。人们只要做到多吃绿色蔬菜，常喝硬水，如自来水、矿泉水等，多吃一些富含镁的食品，例如各种麦制面粉、胡萝卜、莴苣、豆类、果仁等，就可以获得镁的正常需要量。

◎钾

虾中含有丰富的钾

氯化钠、氯化钾溶于水中产生钠离子、钾离子和氯离子，它们的重要作用是控制细胞、组织液和血液内的电解质平衡，这种平衡对保持体液的正常流通和控制体内的酸碱平衡是必要的。

尽管钾在人体内占总矿物元素含量的 5%，仅次于钙和磷，但也许是因为食物中都含有充足的钾而不易引起缺乏，以至于人们未能认识到钾对于机体健康的重要性。人体内 70% 的钾存在于肌肉，10% 存在于皮肤，其余在红细胞、骨髓和内脏中。

钾作为人体的一种常量元素，在维持细胞内的渗透压和维持体液酸碱平衡，维持机体神经组织、肌肉组织的正常生理功能以及细胞内糖代谢和蛋白质代谢等方面具有重要的意义，机体中大量的生物学过程都不同程度地受到血浆钾的浓度影响。值得注意的是，钾的大部分生理功能都是在与钠离子的协同作用中表现出来的，因此，维持体内钾离子、钠离子的浓度平衡对生命活动是十分重要的。

一般成人每天摄取 2 ~ 2.5 克的钾是比较合适的。钾广泛存在于各种动、植物食物中，肉类、蔬菜以及水果都是钾的食物源，尤其是大豆、花生仁、虾米中更含有丰富的钾。

在人体内，钠离子、钾离子和氯离子三种离子都应保持平衡，任何一种离子不平衡，都会对身体产生影响。例如运动员在激烈的运动过程中大量出汗，汗水中除了水分外，还含有 Na^+、K^+ 和 Cl^- 等离子，因此，出汗太多，使体内 Na^+、K^+ 和 Cl^- 等离子浓度大为降低，促使肌肉和神经受到影响，导致运动员出现恶心、呕吐，严重的出现衰竭和肌肉痉挛。所以运动员在比赛前后要注意补充盐分，炼钢工人或高温工作者的饮料中要加入适量的食盐。人体内缺钠会感到头晕、乏力，长期缺钠易患心脏病，并可导致低钠综合征。但人体内钠含量高了也会危害健康，科学界已基本认定食盐过量与高血压有一定的关系，有报道说，人体随食盐摄取量的增加，骨癌、食管癌的发病率也增高。因此，对于高血压患者，世界卫生组织建议的食盐摄入标准是每天不超过 6 克。

◖❖ 人体中的微量元素

在人体中含量低于 0.01% 的元素称为微量元素。目前已经确定的微量元素有 16 种。

近年来，研究发现长寿老人体内存在着一个优越的微量元素谱，其中铁、碘、锰、锌、铬、钴、铜、硒等格外引人注目。在这 9 种微量元素中，铁在造血、碘在防治甲状腺肿大方面的作用已为人们所熟知。

锰 锰是人体内许多重要酶的辅助因子，这些酶具有消除导致细胞老化的氧化物的作用，人体缺锰会使机体的抗氧化能力降低，从而加速机体的衰老。我国著名的长寿之乡——广西巴马县，那里的长寿老人头发中锰的含量就高于非长寿地区的老人。

锌 锌也是许多酶的组成成分，在组织呼吸、蛋白质的合成、核酸代谢中起重要作用。锌对皮肤、骨骼、性器官的正常发育是必需的，锌能促使脑垂体分泌出性腺激素，从而使性腺发育成熟。动物实验表明，衰老与性腺有关。锌能防止人体衰老，同时还具有预防高血压、糖尿病、心脏病、肝病恶化的功能。人体慢性缺锌会引起食欲不振、味觉和嗅觉迟钝、伤口痊愈率降低、儿童生长发育受阻、老年人加快衰老等症状。

铬 铬有降低胆固醇的作用。凡是患有动脉粥样硬化病的人，其机体的细胞里都缺乏铬元素。缺铬还会使胰岛功能下降，以致胰岛素分泌不足，使糖类代谢紊乱而患上糖尿病。

知识小链接

胰岛素

胰岛素是由胰岛 B 细胞受内源性或外源性物质如葡萄糖、乳糖、核糖、精氨酸、胰高血糖素等的刺激而分泌的一种蛋白质激素。胰岛素是机体内唯一降低血糖的激素，同时促进糖原、脂肪、蛋白质合成。

铜 微量的铜元素在人体内参与造血过程，催化血红蛋白的合成。人体血液内如缺少微量铜，即使铁元素不缺少，血红蛋白仍难形成，也会导致贫血。所以，缺铁性贫血病人应适当多吃些含铜丰富的食物，这可以促进铁的吸收。此外，骨骼中的微量铜参与某些酶的合成，维持骨骼的正常生长发育，因此人体缺铜还可能导致骨质疏松、骨关节肿大等症状。缺铜还会导致胆固醇升高，增加动脉粥样硬化的危险。小孩缺铜会导致发育不良。

人体中必需的微量元素大都可以通过膳食自给自足。这里将含上述几种元素较丰富的某些食品总结如下：

核　桃

紫　菜

锰：豆类、核桃、花生、绿叶蔬菜。

锌：带鱼、墨鱼、紫菜等海产品以及淡水鱼类、瘦肉、糙米、豆类、白菜、萝卜。

铬：瘦肉、动物肝脏、黄豆及其制品、某些新鲜蔬菜、蜂蜜、红糖。

铜：猪肝、禽肉、鱼类、瘦猪肉、豆类、芝麻、坚果、绿叶蔬菜。

但是，如果因患了某种微量元素缺乏症而需要服用药物治疗时，必须在医师的指导下服用，否则过量摄入会造成中毒或各种不良后果。例如：

锰：慢性中毒——神经衰弱和震颤麻痹症。

锌：头昏、呕吐、腹泻。

铬：红细胞增多症，甚至有致癌的可能。

铜：类风湿性关节炎、肝硬化、神经失常、动作震颤。

◉▶ 微量元素与人体健康

微量元素新星包括有机锗。金属锗是最早应用于高技术的支撑材料。不

金属锗

少学者在人参、枸杞子、甘草、蘑菇、当归、灵芝、茶叶、大蒜、葡萄干、绿豆、决明子、地黄等植物中发现有机锗的存在，并发现其具有滋补、抗癌作用。

有机锗的功能：①促进生理功能正常化，如对高血压病人有明显的降压作用，但不会使血压低于正常水平，可促进身体生理、生化功能恢复正常；②可治疗肿瘤和促进身体产生抗癌因子，不仅疗效显著，而且无毒、无副作用；③能提高人体免疫机能，防治多种疾病；④有机锗加入食品中，对抗衰老大有裨益。

研究表明，微量元素在人体生物化学过程中起着重要作用，它数量少、能量大，可称之为"生命的火花"。微量元素在人体中的生理功能表现在以下几个方面：

（1）微量元素是构成金属酶和酶的活化剂。酶是一种大而复杂的蛋白质结构，它的作用在于强化生化作用。几千种已知的酶中大多数含有 1 个或几个金属原子，一旦除去金属，这些酶就会失去活性。

（2）微量元素是激素和维生素的活性成分。如果一些激素和维生素没有微量元素参与，也就失去了作用，甚至不能合成。例如，若没有碘，甲状腺素就无法合成；铬可激活胰岛素；钴是合成维生素 B_{12} 的主要成分。

（3）微量元素可协助常量元素的输送。比如铁是血红素的中心离子，构成血红蛋白，在体内能把氧气带到每一个细胞中去。

（4）微量元素在体液中与钾、钠、钙、镁等离子协同作用，可起到调节渗透压、离子平衡和体液酸碱度平衡的作用，以保持人体正常的生理功能。

（5）由于微量元素以上几个方面的作用，它们与遗传关系密切，特别是铬、锌、铜、锰等存在于携带遗传信息的核酸中，它们在维护核酸立体结构，维持核酸代谢等方面起着重要作用。

（6）它们和某些疾病发生密切关系，如一些地方食物中缺碘而发生缺碘性疾病。

（7）它们与生长发育有着密切关系，最近研究证明，铜元素对骨骼发育、生长有重要作用，所以铜元素对人的身高起着重要作用。

基本
小知识

核　酸

核酸是由许多核苷酸聚合成的生物大分子化合物，为生命的最基本物质之一。核酸广泛存在于所有动物细胞、植物细胞、微生物内。生物体内的核酸常与蛋白质结合形成核蛋白。不同的核酸，其化学组成、核苷酸排列顺序等不同。根据化学组成不同，核酸可分为核糖核酸（简称 RNA）和脱氧核糖核酸（简称 DNA）。DNA 是储存、复制和传递遗传信息的主要物质基础，RNA 在蛋白质合成过程中起着重要作用。

第一个被发现的人体不可缺少的微量元素不是金属，而是一种非金属元素碘。缺碘的危害是影响儿童的智力发育，甚至会使其终生难以得到改善。碘缺乏会导致地方性甲状腺肿（俗称大脖子病）。克服碘缺乏问题并不十分困难，最经济实用的方法就是烹调时使用碘盐（氯化钠中加碘酸钾）。另外可多吃含碘丰富的食物如海带等，海带被认为是营养价值较高的

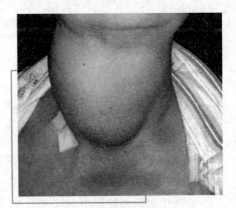

缺碘导致的大脖子病

天然食品，不仅含碘丰富，还可防治甲状腺肿大，促进智力发育。

对于人体必需的微量元素，我们还应当注意其相互间的协同与拮抗作用。人体中有 30 多种蛋白质和酶含有铜，现在已经知道铜的最重要生理功能是人血清中的铜蓝蛋白可以协同铁的功能。因此，如果体内有足够的铁而缺乏铜，铁的生理代谢也会发生障碍而导致贫血。

微量元素对人体必不可少，但是在人体内必须保持一种特殊的内稳态，

一旦破坏稳态就会影响健康。至于某种元素对人体有益还是有害是相对的，关键在于适量。随着我国国民温饱问题基本得到解决，人们在饮食上注重营养是必然的趋势。但要做到膳食平衡，饮食有节制。多样化的膳食既是获得各种适量基本营养素的最好方法，同时也是避免食品中有毒物质达到有害剂量的有效方法。

在人们必需的微量元素的研究中，有许多营养强化保健品应运而生，甚至出现了全营养素。从健康的观点出发，人体内不可能所有的微量元素都缺乏。对我们身体中不缺少的元素盲目地乱补充，这些元素在体内积累到一定的浓度，就会产生危害。比较安全的是食补，从各种元素含量丰富的食物中获取我们所需的，如果需要通过特殊制剂来补充微量元素，一定要缺什么补什么，盲目地乱补全营养素是不科学的。随着科技的发展，人们对微量元素的认识会日趋成熟。

◎ 有害微量元素

1. 镉（Cd）元素

镉是被联合国粮食及农业组织和世界卫生组织列为最优先研究的食品中的严重污染元素，它不是人体必需的元素。新生儿体内并不含镉，但随着年龄的增长，进入人体的镉可以逐渐蓄积，50 岁左右的人体内镉含量可达 20 ~ 30 毫克。镉主要通过呼吸道和消化道进入人体，它在人体的半衰期为 6 ~ 18 年。

空气中仅含少量镉，其来源主要是煤炭和汽油燃烧、汽车尾气排放等方面。有人估计，每天吸 20 支烟（含镉总量约 30 微克），可吸入人体的镉约为 12 微克。

时下有一些少男少女将文身彩贴（绘有彩色图案、花卉、小动物等的贴纸）贴在前胸、手腕、手臂、肚脐等部位的裸露肌肤上，实在是一种有碍健康的美丽。这类彩贴中的镉化合物会引起皮肤过敏，而且在夏天大量汗水浸润下，能经皮肤渗入人体。

通过饮食进入人体中的镉，一方面来自饮用水和食品本身的污染，另一方面也来自那些具有彩色图案的玻璃、搪瓷食具、冰箱镀镉的冰槽及塑料制餐具等。在存放酸性食物和饮料时，这些器件中所含的镉化合物就很容易溶解出来，在人进食时进入人体。

在可能混于饮食内的各种金属污染物中，镉大概是危害性最大的一种。不仅因为其具有高毒性，也因为它在食品中分布广，生物富集率高。例如被严重污染的大米其含镉量可高达 125 毫克/千克。

进入人体的镉能将骨质磷酸钙中的钙置换出来，引起骨质疏松、软化，发生变形和骨折。在一定条件下镉可以取代锌，从而干扰某些含锌酶的功能，使多种酶受到抑制，破坏其正常生化反应，干扰人体正常的代谢功能，使人体体重减少。同时，进入人体中的镉可与金属硫蛋白结合，再经血液输送到肾脏，当它在肾中积累时，会损坏肾小管，使肾功能出现障碍，从而影响维生素 D 的活性，导致骨骼生长代谢受阻，可引起骨软化症或"痛痛病"（背下部和腿部剧烈疼痛）。骨软化症患者由于骨胶原的正常代谢受到干扰，形成了不致密和不成熟的骨胶原。特别是妇女，由于妊娠、分娩、授乳而引起钙不足等，使肠道对镉的吸收率增高，易引起镉中毒。镉中毒的典型病症是肾功能受破坏，肾小管对低分子蛋白的再吸收功能发生障碍，糖、蛋白质代谢紊乱，尿蛋白、尿糖增多，引发糖尿病。镉进入呼吸道可引起肺炎、肺气肿。镉进入消化系统则可引起胃肠炎。镉中毒者常伴有贫血症。镉中毒易造成流产、新生儿残废和死亡。镉中毒可能还会诱发骨癌、直肠癌、食管癌和胃癌。

进入人体内的镉仅少量被吸收，其余部分随粪便排出。部分被吸收于血液中的镉与血浆蛋白结合，随血液循环选择性地储存于肾脏和肝脏，其次为脾、胰腺、甲状腺、肾上腺和睾丸。吸收后的部分镉主要经肾由尿液排出，少量随唾液、乳汁排出。

钙可以拮抗镉，高钙食物会抑制消化道对镉的吸收，维生素 D 也会影响镉的吸收。

2. 铅（Pb）元素

铅是最为常见的有害微量元素，人体含铅 77 克左右，联合国粮食及农业组织和世界卫生组织提出每人每日允许铅摄入量约为 420 微克。

室外空气中铅的 80% 来源于汽车尾气。目前，世界各国正在相继推广使用无铅汽油，但为了抑制汽车中气门和气门导管磨损，某些"无铅汽油"仍然含有少量铅化合物。

蜡烛燃烧释放对人有害的物质

吃烛光晚餐、点生日蜡烛已是一种现代生活时尚，通常慢燃的、能闪闪发光的烛芯中含有铅化合物。此外，用打火机点烟时，也会由燃烧着的汽油中产生铅，很容易随香烟烟气吸入人体。

颜料、油漆、染料中常含有铅的化合物，可通过触摸等方式经皮肤渗透而进入人体；儿童连环画、糖果纸、塑料袋和玩具上的彩色油墨也都可能成为儿童体内铅的来源。在某些化妆品中含有铅白（碱式碳酸铅），长时间使用也会有碍健康。饮食是环境中铅进入人体的"通道"。食品中超常含量的铅常发生于这样几种场合：①野禽受铅弹猎杀后，其肉中的铅未被清除干净；②我国传统食品松花蛋（皮蛋），由于在加工过程中使用了黄丹粉而有较高铅含量；③含铅成分的焊料用于焊接食品罐头缝口时，罐头食品中含铅量较高。

进入人体中的铅主要经消化道、呼吸道吸收后进入血液，与红血球结合后再传输到全身和被分配到体内各组织器官。人体内约 90% 的铅以不溶性磷酸铅形态蓄积在骨骼之中，其他则存留于肝、肾、肌肉等部位。有机的铅化合物则趋于在脑组织中富集。在老年骨质疏松或缺钙的人体中摄入多量钙制剂时，贮存于骨中的铅可能释放后转入血液。

铅对人体的不良影响与它对酶的抑制作用有关。机体中过量的铅可与酶结构中的 $-SH$ 基团和 $-SCH_3$ 基团作用，并与硫紧密结合。Pb（Ⅱ）可能抑制乙酰胆碱酯酶、碱性磷酸酶、三磷酸腺苷酶、碳脱水酶和细胞色素氧化酶的活性，扰乱机体正常发育中所必需的生化反应和生理活动。

人体对铅中毒耐受性差别很大，大量的毒理系数通过动物实验得出。有关人体中毒的定量数据还相当缺乏，而且中毒后症状也各不相同。但总的说来，铅中毒的主要症状为：

（1）急性中毒——口中金属味、腹痛、呕吐、腹泻、少尿、昏睡。

（2）慢性中毒

①初期——食欲不振、体重减轻、呕吐、疲乏、牙龈基部出现黑色铅线、贫血；

②中期——呕吐、四肢和关节钝痛、膜部绞痛、指和手腕麻痹；

③重症期——频繁呕吐、运动失调、昏迷、脑神经麻痹、痉挛。

以上这些症状主要涉及人体 4 个组织系统：肠胃、肾脏、血液和神经。

人体摄入过量铅，会引起中枢神经系统损伤，出现疲惫、头痛、痉挛、精神障碍等。过量铅可损害骨髓造血系统，引起贫血，主要是过量铅干扰血红蛋白代谢所造成的。过量铅作用于心血管系统时引起动脉硬化、心肌损害。胃肠铅中毒则表现为胃肠黏膜出血、肠管痉挛。长期接触低浓度的（如长期食用含铅较高的食物或环境污染）铅可引起慢性中毒，其症状有食欲不振、口中有金属味、失眠、头痛、头昏、腹痛和贫血，其中贫血是铅中毒的早期特征。除此之外，铅中毒还可以引起肾病、高血压、脑水肿等。特别需要指出的是铅对儿童的危害，儿童由于代谢和排泄功能不完善，血脑屏障成熟较晚，所以对铅有特殊的易感性，低浓度的铅即可导致儿童生长迟缓、智力降低。儿童体内对铅的吸收率比成人高出 4 倍以上，且体内缺铁、缺钙的儿童其摄入和吸收铅的速率更快。儿童铅中毒时会出现呕吐、嗜睡、昏迷、运动失调、活动过度等症状，重者失明、失聪，乃至死亡。

基本小知识

铅

　　铅是银白色的金属（与锡比较，铅略带一点浅蓝色），十分柔软，用指甲便能在它的表面划出痕迹。在古代，人们曾用铅作笔。"铅笔"这名字，便是从这儿来的。铅很重，一立方米的铅重达 11.3 吨。铅球那么沉，便是用铅做的。子弹的弹头也常灌有铅，因为如果太轻，在前进时受风力影响会改变方向。铅的熔点很低，为 327℃，放在煤球炉里会熔化成铅水。

3. 汞（Hg）元素

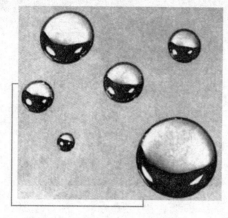

汞进入人体会导致神经系统中毒

汞及其化合物是最有害的微量元素之一。汞离子与细胞膜中含巯基的蛋白质有特殊的亲和力，从而能直接损害这类蛋白质和酶。汞离子与某些蛋白质蓄积于人体内，特别是肾和肝中，因此，肾功能障碍是汞中毒的首要标志。除了无机汞，自然界中因环境污染而产生有机汞，以甲基汞为多，甲基汞能使脑蛋白质合成活性减低，并沉积于脑组织中，从而导致神经系统中毒。

知识小链接

甲基汞

甲基汞是一种具有神经毒性的环境污染物，主要侵犯中枢神经系统，可造成语言和记忆能力障碍等，其损害的主要部位是大脑的枕叶和小脑，其神经毒性可能扰乱谷氨酸的重摄取和致使神经细胞基因表达异常。

人类除了职业性接触汞外，在使用含汞药、防毒剂、杀菌剂时亦有汞中毒机会。进入人体的大多数汞还是来源于食品。被污染水体中的汞有可能通过以下的水生食物链进入人体：水中溶解态或颗粒态汞→细菌、浮游生物→小鱼→大鱼→人；汞还可由陆生食物链进入人体：含汞农药→植物根、叶、果实→鸟或啮齿类动物（如野兔）→人。

进入机体的无机汞多蓄积在肾、肝、骨髓、脾等脏器；有机汞和烷基汞多存在于肾、肝、肌肉中，又特别容易通过血脑屏障。

经呼吸道吸入人体的汞蒸气或经消化道摄入的汞盐都可首先进入血液，且与血红蛋白相结合。元素汞还可迅速在血液中被氧化为离子态汞。甲基汞在体内具有极大稳定性，初时，它也被牢固结合于红血球中的血红蛋白；经数天后，其极大部分仍可能以原有的有机物形态存在于脑和肝中，仅小部分在肾脏中被代谢，转化为无机汞化合物。

汞

　　汞，俗称"水银"，是一种有毒的银白色重金属元素，它是常温下唯一的液体金属，游离存在于自然界并存在于辰砂、甘汞及其他几种矿物中。人们常常用焙烧辰砂和冷凝汞蒸气的方法制取汞。汞主要用于科学仪器（电学仪器、控制设备、温度计、气压计）及汞锅炉、汞泵及汞气灯中。

　　汞的毒性因化学形态不同而有很大差别。经口摄入体内的元素汞基本上无毒，但通过呼吸道摄入的蒸气态汞是高毒性的；单价汞的盐类溶解度很小，基本上也是无毒的，但人体组织和血红细胞能将单价汞氧化为具有高度毒性的二价汞；有机汞化合物通常都是高毒性的，汞的毒性以有机汞化合物毒性最大。

　　对于慢性中毒患者，应以对症疗法为主，可使用大量三磷酸腺苷制剂、烟酸、维生素 B_1、维生素 B_{12}、维生素 E 等治疗，都有较好的排汞效果。

4. 砷（As）元素

　　科学家们经过 20 多年的研究认为，适量的砷对人体是必需的，因此将砷列为生物可能的必需元素。动物和人体对砷的需求量都很低，在一般条件下均能得到满足。砷化物的毒性早就为人所知，并且逐步深化，所以其应用范围和数量已日渐缩减。特别在医用方面，需采取更加慎重的态度。除严格限制用量，尽量避免内服外，外用也要慎重，尽可能取用其他

砷的化合物有剧毒

替代药物。此外，孕妇或幼儿皆不宜服用含砷药物。

在生活中含毒砷化物大多还是通过饮食进入人体，水的污染、使用含砷饲料添加剂或农药，都有可能使其中的砷化物经家禽、家畜的肉类和瓜果类悄然进入人体。

人体内砷可遍布于所有组织。骨骼和肌肉是体内砷的主要贮存组织。一般来说，含蛋白量多的组织较容易富集砷，而酸溶性的类脂质中含砷量较少。

单质砷几乎无毒性，有机砷化物的毒性也相对较低，很多无机砷化合物有很大毒性。常见的剧毒无机砷化物是三氧化二砷，中毒量为 10～50 毫克，致死量为 60～200 毫克。在致死剂量下，重症者 1 小时内死亡，平均致死时间 12～24 小时。五价砷化合物比三价的三氧化二砷毒性低得多。人们喜食的水生、甲壳类食物（小虾、对虾）含有较高浓度的五价砷化合物，只要不食之过量，对人体全然无害。但如在食后服用多量具有还原性的维生素 C，则在其作用下，进入体内的五价砷化物会转化为低价砷化物而危害健康。进入人体的砷会与体内酶分子（例如丙酮酸脱水酶的分子）上与酶活性相关的巯基结合，由此抑制酶的活性。特别表现在细胞代谢和呼吸作用受阻，其药理作用是增加毛细血管的渗透性，并出现水肿。砷化氢的毒性表现与其他砷化物不同，其经呼吸被机体吸收后，可与血红蛋白结合成氧化砷，由此发生溶血作用，会引起结核膜出血、溶血性贫血等，急性死亡率甚高。

中毒后对急性中毒者应先用温水或温水加活性炭洗胃，用药催吐或导泻。对度过危险期的病人或原先是慢性中毒者，可采取以下治疗方法：①使用二硫基丙醇（BAL）药物作驱砷治疗；②静脉注射 10% 硫代硫酸钠溶液；③对严重肾衰者透析；④对休克脱水者输液，并用升压药或类固醇类药物治疗。

砷一般从消化道和呼吸道进入人体，被胃肠道和肺脏吸收，并散布在身体内的组织和体液中。同时皮肤也可以吸收砷。砷进入人体内，蓄积在甲状腺、肾、肝、肺、骨骼、皮肤、指甲、头发等处，体内砷主要经过肾脏和肠道排出。

人体正常含砷量约为 98 毫克，每人每天允许最高摄入量是 3 毫克（FAO/WHO 标准）。当过量砷进入人体时会产生一系列不良的生物化学反应。

砷的毒性是抑制了酶的活性，三价砷可与机体内酶蛋白的巯基反应，形成稳定的化合物，使酶失去活性，因此三价砷有较强的毒性，如砒霜、三氯化砷、亚砷酸等都是有剧毒的物质。

基本小知识

砷

砷是一种非金属元素，灰白色，是有金属光泽的结晶块，质脆有毒。化合物可做杀菌剂和杀虫剂。

砷和磷在化学性质上具有相似性，因此机体内的砷可干扰一些有磷参与的反应。当人体内蓄积过量的砷时，三价砷阻碍三磷酸腺苷的合成作用，从而引起人体乏力、疲惫；三价砷对酶系统正常作用的干扰，使细胞氧化功能受阻，呼吸障碍，代谢失调；危及神经细胞时，可导致神经系统功能紊乱，运动失调。过量砷也可能引发循环系统障碍，表现为血管损害，心脏功能受损害。过量的砷使染色体变异，可致畸形和突变。砷中毒有明显的皮肤损害，出现皮肤增厚、角化过度，有时可恶化为皮肤癌。

5. 铍（Be）元素

铍是一种致癌元素。铍主要从呼吸道侵入机体，进入体内的铍大部分与蛋白质结合，并贮存于肝和骨骼中。铍离子有拮抗镁离子的作用。因为铍和镁处于周期表的同一族中，Be^{2+} 可以置换激活酶中的 Mg^{2+}，从而影响激活酶的功能。铍易积蓄于细胞核中，并阻止胸腺嘧啶脱氧核苷

铍矿石

进入 DNA，干扰 DNA 合成，这也许是铍致癌的原因之一。

6. 铋（Bi）元素

铋及其化合物均有毒性，但一般人体很难吸收。由于铋在自然界中较为

稀散，食物中含量极低。有不少中毒报告，主要表现为肝、肾损伤，严重时可发生急性肝功能和肾功能衰竭。

7. 锑（Sb）元素

所有的锑化合物都有毒。锑及其化合物以蒸气形式或粉末状态经呼吸道吸入，也可由消化道吸收，药用锑剂可由静脉注射而进入体内。进入人体内的锑广泛分布于各组织器官中，以肝脏和甲状腺居多。血中锑在红细胞中的浓度比血清高数倍。锑对人体产生的毒性作用，是由于锑在体内可与巯基结合，抑制某些巯基酶如琥珀酸氧化酶的活性，与血清中硫氢基相结合，干扰了体内蛋白质及糖的代谢，损害肝脏、心脏及神经系统，还对黏膜产生刺激作用。进入体内的锑广泛分布于各组织器官，三价锑进入血液后，可存在于红细胞中，并分布于肝脏、甲状腺、骨骼、胰腺、肌肉、心脏及毛发中，而五价锑主要存在于血浆中，少量贮存在肝脏。由呼吸道吸收的难溶化合物，可在肺内沉积。

口服锑化合物会引起急性中毒，产生流涎、口内有金属味、食欲减退、口渴、恶心、呕吐、腹痛、腹泻、大便带血、头疼、头晕、乏力、咳嗽及肢端感觉异常等症状，并使肝肿大，有压痛感。严重时发生闭尿、血尿、痉挛、心律紊乱、血压下降、虚脱等现象。据资料介绍，锑对人的致死量，成人为97.2毫克，儿童为48.6毫克。

最常见的是慢性锑中毒，长期接触低浓度的锑及锑化合物粉尘或烟尘后，会引起慢性中毒。其主要表现为乏力、头晕、失眠、食欲减退、恶心、腹痛、胃肠功能紊乱、胸闷、虚弱等一般症状，引起慢性结膜炎、慢性咽炎、慢性副鼻窦炎等黏膜刺激症状。

人体内化学元素的含量

有人对海水、古代人体和现代人体中一些微量元素的含量进行比较，发现它们之间存在着一些关联，说明生物进化与生存环境有关。人类在适应生存和进化的过程中，逐渐形成了一套摄入、排泄和适应环境元素的保护机制，所以人体内的元素含量水平无论是宏量元素还是微量元素，都是经过长期进化形成的。

海水、古代和现代人体中的一些元素含量

元　素	海水中的含量 微克/克	原始人体中的含量 微克/克	现代人体中的含量 微克/克
必需：			
铁	3.4	60	60
锌	15	33	33
铷	120	4.6	4.6
锶	8000	4.6	4.6
氟	1300	37	37
铜	10	1.0	1.2
硼	4600	0.3	0.7
溴	65000	1.0	2.9
碘	50	0.1~0.5	0.2
钡	6	0.3	0.3
锰	1	0.4	0.2
硒	4	0.2	0.2
铬	2	0.6	0.09
钼	14	0.1	0.1
砷	3	0.05	0.1
钴	0.1	0.03	0.03
钒	5	0.1	0.3
非必需：			
锆	0.02	6.0	6.7
铅	4	0.01	1.7
铌	0.01	1.7	1.7

（续表）

元　素	海水中的含量 微克/克	原始人体中的含量 微克/克	现代人体中的含量 微克/克
铝	1200	0.4	0.9
镉	0.03	0.001	0.7
钛	5	0.4	0.4
锡	3	<0.001	0.2
镍	3	0.1	0.1
金	0.004	<0.001	0.1
锂	100	0.04	0.04
锑	0.2	<0.001	0.04
铋	0.02	<0.001	0.03
汞	0.03	<0.001	0.19
银	0.15	<0.001	0.03
铯	2	0.02	0.02
铀	3.3	0.01	0.01
镭	0.3×10^{-10}	4×10^{-10}	4×10^{-10}

人体需要的营养物质

现在，人们日益关心自己的营养和健康。人们已经不满足于温饱的生活，开始有了"微量元素""维生素""高蛋白""低脂肪""低糖量"饮食这些生活追求。可是，在当今社会上，并非每个人都具有科学的保健知识，不少人的想法和做法多少带有盲目性，常常是人云亦云。例如，有人到处去寻找微量元素和维生素，有人在选购食品时一定要"高蛋白"和"低脂肪"。一时间，微量元素成了各种各样食品、饮料和营养品的必需添加剂。

人体需要哪些营养物质

◎ 快速的能源——糖

糖在自然界分布极广，是自然界中含量最丰富的一类有机化合物。化学

家最初在分析各种糖的成分时，发现糖是由碳、氢、氧3种元素组成的，而且其中氢和氧的比例是 $2:1$，恰好与水分子中氢和氧的比例一样，于是，化学家们便把糖叫做"碳水化合物"。后来，他们又发现鼠李糖的分子式是 $C_6H_{12}O_5$，脱氧核糖的分子式是 $C_5H_{10}O_4$，在这两种糖的分子中，氢和氧的比例都不是 $2:1$，当然不能把这两种糖也称为"碳水化合物"。严格地讲，把糖称为碳水化合物并不恰当，所以现在的书

砂 糖

刊上都把这一类化合物统称为糖。在自然界，糖广泛分布于动物、植物（尤其

知识小链接

碳水化合物

　　碳水化合物亦称糖类化合物，是自然界中存在最多、分布最广的一类重要的有机化合物。碳水化合物是由碳、氢和氧三种元素组成，由于它所含的氢氧的比例为2:1，和水一样，故称为碳水化合物。它是为人体提供热能的三种主要的营养素中最廉价的营养素。食物中的碳水化合物分成两类：人可以吸收利用的有效碳水化合物如单糖、双糖、多糖和人不能消化的无效碳水化合物如纤维素，是人体必需的物质。碳水化合物是一切生物体维持生命活动所需能量的主要来源。它不仅是营养物质，而且有些还具有特殊的生理活性。此外，核酸的组成成分中也含有碳水化合物——核糖和脱氧核糖。因此，碳水化合物对医学来说，具有更重要的意义。

以甘蔗、甜菜等含量最丰富）和微生物体内，其中尤以植物中所含的糖居多。植物靠水和空气中的二氧化碳合成糖，因为这个合成反应是由具有光能的光子所激发的，所以被称为光合作用。由水和二氧化碳合成糖的过程是一个吸收能量的过程，因此糖是一种具有高能量的化合物，它们是植物、动物和微生物新陈代谢过程的重要能量来源。

冰　糖

　　生物体的细胞内和血液里都含有葡萄糖，是细胞发挥其功能所必需的，葡萄糖的新陈代谢的正常调节对于生命活动是非常重要的。葡萄糖容易被人体吸收，容易与氧气发生反应，生成二氧化碳和水，并放出能量，是细胞的快速能量来源。

　　葡萄糖属于单糖，但自然界大量存在的都是低聚糖（如蔗糖）和多糖（如淀粉）。多糖中也存在着大量能量，但它们很难被人体消化和吸收，多糖必须被分解成葡萄糖以后，其中贮存的能量才能被细胞利用。

◎ 人体内的燃料——脂肪

　　脂类物质中在室温下呈液态者称为油，呈固态者称为脂肪。从植物种子中得到的大多数为油，而来自动物的大多为脂肪。在大部分含油脂丰富的食物中，有1/2左右的热量是由脂肪和油类提供的。

　　天然的脂肪和油类通常是由 1 种以上的脂肪酸与甘油形成的各种酯的混合物。

　　脂肪酸可分为饱和脂肪酸和不饱和脂肪酸，前者如硬脂酸、软脂酸；后者如油酸、亚油酸、亚麻酸、棕榈油酸。某些油脂中还含有一些特殊的脂肪酸，如菜油中的油菜酸、椰子油中的橘酸等。

　　在这些脂肪酸中，某些种类的脂肪酸是人体所必需的，称为必需脂肪酸，它们是亚油酸、亚麻酸和花生四烯酸。在食物中，如果含有这 3 种必需脂肪酸中的任何一种，人体就能合成一组非常重要的化合物——前列腺素，它是一组 10 多个相关的化合物，对于血压、平滑肌的松弛和收缩、胃酸的分泌、体温、进食量、血小板凝聚等生理活动有着非常强烈的影响。

在这 3 种必需脂肪酸中，亚油酸是关键化合物。如果有了亚油酸，人体就能够合成亚麻酸和花生四烯酸，等于有了 3 种必需脂肪酸。

亚油酸以甘油酯的形式存在于动、植物的脂肪中。在植物油中，亚油酸的含量比较高，如花生油含 26%，豆油含 57.5%，菜油含 15.8%。动物脂肪中，亚油酸含量比较少，如牛油含 1.8%，猪油含 6%。

油

亚油酸在室温时是液体，熔点 –5℃，沸点 229℃~230℃，在空气中易被氧化，不溶于水，易溶于乙醚、氯仿等有机溶剂。

亚油酸是人和动物营养中必需的脂肪酸。缺乏亚油酸，会使动物发育不良、皮肤和肾损伤，以及产生不育症。亚油酸在医药上用于治疗血脂过高和动脉硬化。

油酸以甘油酯的形式存在于一切动植物的油脂中，在动物脂肪中含40%~50%，茶油中含83%，花生油中含54%，椰子油中含5%~6%。

纯油酸为无色油状液体，熔点 16.3℃，沸点 228℃~229℃，不溶于水，易溶于乙醇、乙醚、氯仿等有机溶剂。

由于油酸中含有双键，在空气中长期放置能被氧化，局部转变为含羧基的物质，而使油脂具有腐败的哈喇味，这也是油脂变质的原因之一。

几乎所有的油脂中都含有含量不等的软脂酸。棕榈油中的含量约40%，菜油中的含量为2%。几乎所有的油脂也都有含量不等的硬脂酸，在动物脂肪中含量比较高，牛油中可达 24%；植物油中硬脂酸含量较少，菜油为0.8%，棕榈油为6%，但可可脂中的含量可高达34%。

软脂酸

　　软脂酸，学名"十六烷酸"，又叫棕榈酸，是一种饱和高级脂肪酸，是无色、无味的蜡状固体，广泛存在于自然界中，几乎所有的油脂中都含有数量不等的软脂酸组分。2009 年 9 月，美国科学家在研究中发现，在奶制品、汉堡以及奶昔中所含的饱和脂肪酸在食用后可以直接作用于大脑，让大脑关闭提醒人们已经吃饱的"警报"机制。

◎ 构筑蛋白质的基石——氨基酸

　　蛋白质在生命现象和生命过程中起着决定性的作用，而氨基酸则是组成蛋白质的基石。1820 年，化学家布拉孔诺用酸处理肌肉组织，得到了一种白色晶体，称为亮氨酸（一种氨基酸）。肌肉是含有蛋白质的物质，上面这个实验说明了蛋白质和氨基酸的必然联系。一个相反过程的实验，即蛋白质在水解时都生成各种氨基酸，有力地证明了各种氨基酸结合在一起组成了蛋白质。

　　氨基酸是兼含氨基和羧基的有机化合物，主要存在于蛋白质中，一般蛋白质是由 20 种氨基酸组成的，它们是甘氨酸、丙氨酸、缬氨酸、亮氨酸、异亮氨酸、丝氨酸、苏氨酸、半胱氨酸、甲硫氨酸（又称蛋氨酸）、天冬氨酸、天冬酰胺、谷氨酸、谷氨酰胺、赖氨酸、精氨酸、组氨酸、苯丙氨酸、酪氨酸、色氨酸、脯氨酸。在这 20 种氨基酸中，人体不能合成的是赖氨酸、甲硫氨酸、亮氨酸、异亮氨酸、缬氨酸、苏氨酸、苯丙氨酸和色氨酸，这些人体不能合成的、必须由外界供给（即必须从食物中摄取）以满足人体代谢需要的氨基酸称为必需氨基酸，共有 8 种。另外，人体虽然能够合成精氨酸和组氨酸，但合成的能力差，所合成的精氨酸和组氨酸不能满足人体的需要，因此也必须由外界供给，精氨酸和组氨酸称为半必需氨基酸。除了 8 种必需氨基酸和 2 种半必需氨基酸之外，其他的都称为非必需氨基酸。

化合物

化合物是由两种或两种以上的元素组成的纯净物。化合物主要分为有机化合物和无机化合物。

除了上述常见的 20 种氨基酸之外，到目前为止，已发现的天然氨基酸有 300 多种。氨基酸主要存在于蛋白质中，同时也是生物活性肽、酶和其他一些生物活性分子的重要组分，一些抗生素和细菌细胞壁也含有氨基酸。

人造肉

氨基酸的功能并非仅仅在于在生物体内合成蛋白质，供动、植物生存的需要，它们在工业生产中也大有用处，其中谷氨酸的钠盐即市售的味精，是一种广泛使用的调味品。蛋氨酸用作饲料添加剂。赖氨酸作为食品，特别是作为儿童食品的营养强化剂，已生产出添加赖氨酸的面包、饼干等。甘氨酸、天冬氨酸、苯丙氨酸都可用作食品工业中的甜味剂。

在食品工业中用量较大的氨基酸是半胱氨酸，它可做天然果汁的抗氧化剂，使果汁不易变质。半胱氨酸还能改善面包的风味和延长面包的保鲜期。在植物蛋白人造肉中，加入半胱氨酸等含硫的氨基酸，可以使人造肉具有牛肉和鸡肉的风味。色氨酸也是一种重要的营养强化剂。

用 20 种常见的氨基酸，可以配制各种医用氨基酸溶液，输液时为病人提供丰富的营养。以氨基酸为原料合成的生物活性肽，则是一种重要的药物。

由于氨基酸用途广，工业上发展了大量生产氨基酸的方法：

（1）提取法。利用等电点沉淀法或离子交换分离法，从蛋白质水解液中分离出各种氨基酸。

（2）发酵法。

（3）化学合成法。利用醛、氢氰酸和铵盐生产氨基酸。

（4）酶法。利用蛋白水解酶、氨基氧化酶等生产氨基酸，并进行分离。

◎ 对生命至关重要的分子——蛋白质

蛋白质是由碳、氢、氧、氮 4 种元素构成的有机化合物（高分子化合物），有的蛋白质分子中还含有磷或硫。蛋白质的分子量一般为 6000 ~ 100 万，有的蛋白质的分子量比这个更大。

蛋白质是生物体内一切组织的基本成分。细胞内除了水之外，其他 80% 的物质都是蛋白质。它在生命现象和生命过程（包括有机体的运动、抵抗外来物质的防御功能、细胞的代谢调节）中起着决定性作用。

蛋白质中的色蛋白负责输送氧气；激素是一种蛋白质，它负责在新陈代谢过程中起调节作用；人体内到处存在的酶也是一种蛋白质，它对人体中发生的各种化学反应起着催化作用；抗体这种蛋白质能够预防疾病的发生。如果没有蛋白质的作用，脱氧核糖核酸和核糖核酸的复制、信息的转录、遗传密码的翻译等重要过程也都无法进行。

一般根据蛋白质分子的形状、化学组成、功能等对蛋白质进行分类。

（1）按形状分类可分为：①纤维蛋白。它的分子为细长形，不溶于水，丝、羊毛、皮肤、头发、角、爪、甲、蹄、羽毛、结缔组织等中所含有的蛋白质都是纤维蛋白。②球蛋白。它的分子呈球形或椭球形，一般能溶于水或含有酸、碱、盐的水溶液中，酶蛋白和激素蛋白都是球蛋白。

（2）按化学组成分类可分为：①简单蛋白。只由蛋白质本身，即只由多肽链组成的蛋白质。②结合蛋白。它是由蛋白质和非氨基酸物质（如核酸、脂肪、糖、色素等）结合而成的蛋白质，所以又称复合蛋白。蛋白质与核酸结合可生成核蛋白，蛋白质与糖结合可生成糖蛋白，蛋白质与血红素结合可生成血红蛋白。

（3）按功能分类可分为：①活性蛋白，如酶蛋白、激素蛋白能起酶和激素的作用。②非活性蛋白，如胶原蛋白、角蛋白、弹性蛋白。

蛋白质分子受某些物理因素（如热、紫外线、超声波、高电压等）和化学因素（如酸、碱、有机溶剂、重金属盐、尿素、表面活性剂）等的作用，会导致蛋白质丧失生物活性，称为蛋白质的变性，这是应该尽量避免的。

◗ 维持生命的营养素——维生素

维生素是人类和动物体生命活动所必需的一类物质，许多维生素是人体不能自身合成的，一般都必须从食物或药物中摄取。当机体从外界摄取的维生素不能满足其生命活动的需要时，就会引起新陈代谢功能的紊乱，导致生病。维生素缺乏病曾经是猖獗一时的严重疾病之一。例如，人体内维生素 C 缺乏会引起坏血病。

但是，过量或不适当地食用维生素，甚至有些人把维生素当成补药，以致造成人体内某些维生素过多，对身体也是有害的。因此，切莫把维生素看成是"灵丹妙药"。

到目前为止，已经发现的维生素可以分为脂溶性维生素、水溶性维生素两大类。在维生素刚被发现时，它们的化学结构还是未知的，因此，只能以英文字母来命名，如维生素 A、维生素 B、维生素 C。但是不久就发现，某些被认为是单一化合物的维生素原来是由多种化合物组成的，于是就产生了维生素族的命名方法。例如，原来认为维生素 B 是单一的化合物，后来知道它是多种化合物组成的，这样就需要用在维生素 B 的英文字母右下角加角标的方法来命名，这就是维生素 B_1、维生素 B_2、维生素 B_{12}、维生素 B_5、维生素 B_6。实际上，现在每一种维生素都已经有了它的学名（即化学名称）。维生素还都有俗名，但不同国家所用的俗名差别很大，很不规范。

维生素

维生素是维持人体生命活动必需的一类有机物质，也是保持人体健康的重要活性物质。维生素在人体内的含量很少，但不可或缺。各种维生素的化学结构以及性质虽然不同，但它们却有着以下共同点：①维生素均以维生素原（维生素前体）的形式存在于食物中。②维生素不是构成机体组织和细胞的组成成分，它也不会产生能量，其作用主要是参与机体代谢的调节。③大多数的维生素，机体不能合成或合成量不足，不能满足机体的需要，必须经常从食物中获得。④人体对维生素的需要量很小，日需要量常以毫克（mg）或微克（μg）计算，但一旦缺乏就会引发相应的维生素缺乏症，对人体健康造成损害。维生素与碳水化合物、脂肪和蛋白质三大物质不同，在天然食物中仅占极少比例，但又为人体所必需。

1. 维生素 A_1

维生素 A_1 以游离醇或酯的形式存在于动物界。人体所需的维生素 A_1 大部分来自于动物性食物。在动物脂肪、蛋白、乳汁、肝中，维生素 A_1 的含量丰富。植物界中虽然不存在维生素 A_1，但维生素 A_1 的前体（即维生素 A 原，由它可以产生维生素 A_1）却广泛分布于植物界，它就是 β–胡萝卜素。植物性食物中的 β–胡萝卜素在肠壁内能转变为维生素 A_1，因此含 β–胡萝卜素的植物性食物也是人体所需维生素 A_1 的来源。

维生素 A_1 影响许多细胞内的新陈代谢过程，在视网膜的视觉反应中具有特殊的作用，而维生素 A_1 醛（视黄醛）在视觉过程中起着重要的作用。视网膜中有感强光和感弱光的两种细胞，感弱光的细胞中含有一种色素，叫做视紫红质。它是在黑暗的环境中由顺视黄醛和视蛋白结合而成的，在遇光时则会分解成反视黄醛和视蛋白，并引起神经冲动，传入中枢神经产生视觉。视黄醛在体内不断地被消耗，需要维生素 A_1 加以补充。

如果体内缺少维生素 A_1，合成的视紫红质就会减少，使人在弱光中的视力减退，这就是产生夜盲症的原因，所以维生素 A_1 可用于治疗夜盲症，例如中国民间很早就用羊肝治疗"雀目"（即夜盲症）。

维生素 A_1 还与上皮细胞的正常结构和功能有关，缺少维生素 A_1 会导致眼结膜和角膜的干燥和发炎，甚至失明。维生素 A_1 的缺乏还会引起皮肤干燥和鳞片状脱落以及毛发稀少，呼吸道的多重感染，消化道感染和吸收能力低下。

人体每天对维生素 A 的需要量为：成人（男）1000 微克，成人（女）800 微克，儿童（1～9 岁）400～700 微克。如果提供的是动物性食物中所含的维生素 A_1，数量可略低。如果提供的是植物性食物中所含的 β－胡萝卜素，则数量要略高。

2. 维生素 B_1

酵母和谷物的果皮及胚中，维生素 B_1 的含量很高。实际上，一切植物和动物组织中都存在维生素 B_1。

维生素 B_1 为无色片状固体，能溶于水和乙醇，在酸性溶液中比较稳定，在碱性溶液中分解为硫色素，也容易被紫外线破坏。

临床上使用的维生素 B_1 是用人工方法合成的。另外还有 2 种维生素 B_1 的制剂：①新维生素 B_1，也称丙硫硫胺，比维生素 B_1 更容易被人体吸收；②呋喃硫胺，它在人体内不容易被硫胺分解酶分解掉，所以能在人体内存在较长的时间，成为一种长效的维生素。

哺乳动物消化道中的细菌能合成少量维生素 B_1，但在大多数情况下，哺乳动物几乎完全依靠食物中的维生素 B_1。某些鱼（如鲤鱼）体内有一种能分解维生素 B_1 的酶，称为硫胺素酶，因此，在那些吃大量生鱼的国家（如日本），人也可能发生维生素 B_1 缺乏症。

维生素 B_1 分布在人体的各种组织中，在肝、脑、肾和心脏中的含量较多。

花生含有丰富的维生素 B_1

缺乏维生素 B_1 会导致很多特征性的精神状态，包括抑郁、易激动、不能集中注意力和记忆力衰退等，也会使末梢神经系统发生变化，包括小腿肌肉触痛、部分麻木，肌肉（特别是下肢的肌肉）无力，感觉过敏。一般的维生素 B_1 缺乏症是全身无力，体重减轻，食欲不振和反胃等。

严重缺乏维生素 B_1 会引起脚气病，包括干燥型脚气病、心脏水肿型脚气病、湿型脚气病、大脑型脚气病发生。维生素 B_1 是治疗脚气病的最好药物，由于米糠中的维生素 B_1 含量特别高，因此多吃糙米，少吃或不吃精米，有助于增加体内的维生素 B_1，防止脚气病发生。维生素 B_1 还具有助消化的功能，它是胆碱酯酶的抑制剂，使乙酰胆碱不被水解，让乙酰胆碱发挥其增加胃肠蠕动和腺体分泌的作用。

人体每天的维生素 B_1 需要量为：成人（男）1.2~1.6毫克，成人（女）1.0~1.2毫克，儿童（1~9岁）0.4~1.1毫克。当工作紧张和劳动量加大时，就需要增加膳食中维生素 B_1 的摄入量。

3. 维生素 B_2

维生素 B_2 存在于绿色蔬菜、黄豆、稻谷、小麦、酵母、肝、心和乳类中，最早是从乳类中分离出来的。

维生素 B_2 为橘黄色针状晶体，在278℃~282℃下分解，微溶于水，溶于乙醇、乙酸，在一般温度下对热稳定，在酸性溶液中也稳定，但在碱性溶液中或者暴露在可见光或紫外线下则是不稳定的。

在人体中，维生素 B_2 对于机体生长和生命活动都是很重要的。缺乏维生素 B_2 的早期症状一般表现为口和眼部位的疾病，嘴唇、口腔和舌头感到疼痛，并伴随着吃食和吞咽的困难。眼的病症包括畏光、流泪、眼睛发红和发痒、视觉疲劳、

黄豆芽含有丰富的维生素 B_2

眼睑痉挛。嘴唇的病症，开始时为嘴角苍白和浸软，或者沿着闭合线出现干红和剥蚀，严重缺乏维生素 B_2 时，可发生溃烂，嘴角出现裂缝，称为唇损害。

人体每天对维生素 B_2 的需要量为：成人（男）1.2～1.4毫克，成人（妇女）1.1～1.3毫克，儿童（1～9岁）0.6～1.5毫克。

4. 维生素 B_6

维生素 B_6 广泛存在于动物和植物组织内，但浓度比较低。

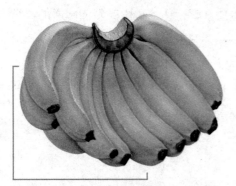

香蕉中含有丰富的维生素 B_6

维生素 B_6 是无色晶体，可溶于水和乙醇，加热时稳定，但可被碱和紫外线分解。维生素 B_6 对神经活动有抑制作用，所以当缺乏维生素 B_6 时，会导致头痛、失眠甚至发生惊厥。维生素 B_6 的缺乏还会引起胃口不好、消化不良、呕吐或腹泻。

人体需要的维生素 B_6 较少，成人每日的需要量为 2 毫克左右，婴儿为 0.4 毫克左右，一般食物中已可提供。

5. 维生素 B_{12}

维生素 B_{12} 存在于肝、酵母、肉类和鱼类中，主要来源于动物性食物，它在植物中的含量十分少，在高等植物中几乎完全没有维生素 B_{12}。

维生素 B_{12} 是一种非常复杂的有机化合物，美国化学家伍德沃德于 1973 年完成了人

维生素 B_{12} 溶液结构式

工合成维生素 B_{12} 的艰巨任务。在工业上，可用放线菌（如灰链霉菌）大量合成维生素 B_{12}。

维生素 B_{12} 是红色针状晶体，容易吸水，在空气中放置后约可吸收 12% 的水，但吸水后变得很稳定。它能溶于水和乙醇，在强酸、强碱作用下以及光照时是不稳定的。

维生素 B_{12} 对人体内合成蛋氨酸（一种氨基酸）起着重要的作用，蛋氨酸是合成蛋白质不可缺少的成分。维生素 B_{12} 在人体新陈代谢中的一个重要功能是保持一些酶中的硫氢基处于还原状态。缺乏维生素 B_{12} 时，糖的代谢被降低，也影响脂类的代谢。

知识小链接

氨基酸

氨基酸是含有氨基和羧基的一类有机化合物的通称，是生物功能大分子蛋白质的基本组成单位，是构成动物营养所需蛋白质的基本物质。

人体内维生素 B_{12} 的平均含量为 2 ~ 5 毫克，其中 50% ~ 90% 贮存在肝脏内，在机体需要时，将维生素 B_{12} 释放到血液中，形成红细胞。因此，缺乏维生素 B_{12} 会导致恶性贫血。

人体每天约需 1 微克维生素 B_{12}，而人体每天可从食物中摄取 2 微克维生素 B_{12}，因此可以保证正常需要。只有在治疗贫血症、神经炎时，才需要维生素 B_{12} 的药剂。

6. 维生素 B_5

维生素 B_5 存在于所有的动物和植物组织中，含量丰富的是酵母和肝脏，每 100 克酵母中含 20 毫克维生素 B_5，每 100 克肝脏中含 8 毫克维生素 B_5。

维生素 B_5

维生素 B_5 对于胆固醇的合成、肾上腺的功能有明显的促进作用。缺乏维生素 B_5 会得脚灼热综合征，这是发生在低营养人群中的疾病。维生素 B_5 还可治疗褥疮、静脉曲张性溃疡和麻痹性肠塞。

7. 维生素 C

维生素 C 以很高的浓度广泛存在于柑橘属水果和绿色蔬菜中，而各种新鲜蔬菜和水果中也都含有维生素 C，但它只存在于植物组织内，而不存在于种子里。植物和许多动物能利用葡萄糖醛酸合成维生素 C，但人却不能完成这一合成反应，因此，人体所需要的维生素 C 都来自于蔬菜和水果。

维生素 C 是无色晶体，熔点 190℃~192℃，其溶液显酸性，并有可口的酸味。它是一种强还原剂，在水溶液中或受热情况下很容易被氧化，在碱性溶液中更容易被氧化，是一种容易被多种条件破坏的维生素。

严重缺乏维生素 C 会引起坏血病，这是一种以多处出血为特征的疾病。成年人患坏血病后，一般会依次出现疲倦、虚弱、急躁和关节疼痛等症状，然后是体重减轻、齿龈出血、牙龈炎和牙齿松动，接着就会发生皮下微细出血，严重时可能导致结膜、视网膜或大脑、鼻子、消化道的出血。

坏血病是人类最早知道的疾病之一。用蔬菜治疗坏血病也在很早就见诸文字，至少在 16 世纪，美洲印第安人就知道用云杉叶或松针浸泡液治疗坏血病。到了 17 世纪末，有了许多对坏血病有疗效的新鲜蔬菜，流行性坏血病在陆地上就少见了。但对于在海上长期航行的海员们，因为没有足够的新鲜蔬菜，坏血病仍然是一种可怕的威胁。后来，医疗上采用柠檬汁或柑橘属水果熬的汤来医治坏血病。

维生素 C 用于治疗营养性贫血时，可作为铁制剂治贫血的辅助剂。对于消化道疾病，在治疗胃和十二指肠溃疡时，都要服用适量维生素 C。

维生素 C 还有促进细胞间黏合物和血红蛋白合成的作用，能使伤口迅速愈合，也能降低化学毒物（如砷、汞、铅、镉、亚硝酸盐、苯、甲苯等）和细菌毒素对人体的毒害。在人们制造的婴儿食物中也需要补充维生素 C。

人体每天对维生素 C 的需要量为：成人（男）45 毫克，成人（女）45

毫克，儿童（1~9岁）35~45毫克。

科学家测定出了抗坏血酸的结构之后，工业上开始用人工方法合成抗坏血酸（即维生素C）。现在，药用的维生素C都是用人工方法合成的。

8. 维生素 D

维生素 D 是一些抗佝偻病物质的总称，其中最重要的有两种：维生素 D_2 和维生素 D_3。

维生素 D 比较丰富的来源是鱼的肝脏和内脏，这些肝脏的油脂中含有维生素 D_3，通常所说的"鱼肝油含有较多的维生素 D"就是这个意思。

人的皮肤中含有 7 - 去氢胆固醇，它经过紫外线照射以后即转变成维生素 D_3，因此，多晒太阳可预防维生素 D 缺乏症。

维生素 D_2 和维生素 D_3 都是无色晶体，不溶于水，能溶于乙醇。

缺乏维生素 D 时，人体吸收钙和磷的能力降低，使血中的钙和磷的含量水平降低，钙和磷不能在骨骼组织中沉积，甚至骨盐也会溶解，阻碍了骨骼的生长。

儿童缺乏维生素 D 会得软骨病（又称佝偻病），主要症状是骨骼变形，首先是颅骨软化，包括颅骨突起，乳牙生长迟缓，胸软骨结合处增大，脊椎变形，长骨端增大和弯曲，最后形成弓形腿，走路时呈鸭步。

成年人缺乏维生素 D 会导致骨软化病，使骨骼逐渐变得稀疏，特别是盆骨、胸骨和四肢骨变形，四肢骨的骨质变薄，会产生自发性的骨折。老年人患骨质疏松症常会因人体稍受创伤而发生骨折。

在通常的气候条件下，只要接受阳光的照射，是足够满足成年人所需的维生素 D 的。只有在特殊情况下，特别是在没有阳光时，才需要从食物和鱼肝里补充维生素 D。现在市售的牛奶中也添加了维生素 D。

9. 维生素 E

维生素 E 存在于许多植物（如大豆、麦芽等）中，特别是一些植物油（如玉米油、葵花籽油、棉子油）中的含量尤为丰富。牛奶、奶制品和蛋黄中

维生素 E

也含有维生素 E。

维生素 E 是淡黄色油状物，沸点200℃~220℃，不溶于水，溶于乙醇和脂肪。在没有空气的条件下，维生素 E 对热和碱都很稳定，在 100℃ 以下不和酸作用。维生素 E 容易被空气氧化。

维生素 E 是动物体内的强抗氧剂，特别是脂肪的抗氧剂。在生物体内，通过维生素 E 和化学元素硒的共同作用，可以减少维生素 A 和不饱和脂肪酸的供给量。维生素 E 对糖、脂肪和蛋白质的代谢作用都有影响。

10. 维生素 K

维生素 K 在自然界中分布十分广泛，含量最丰富的是菠菜和洋白菜。另外，许多细菌（包括某些正常的肠道菌）能合成维生素 K。

维生素 K 对酸和热稳定，容易被碱分解，对光极为敏感，经光照射后就失去了活性。

维生素 K 的生理作用是在肝内控制凝血酶原的合成，并能促进某些血浆凝血因子在肝中的合成。维生素 K 分布于人体的各个器官，在心脏中的浓度较高，对细胞的呼吸有利。

番茄含维生素 K 较多

人体一般不缺乏维生素 K，食物中已有足够的量，而且维生素 K 还能由肠道内的细菌合成，这些被肠道内细菌合成的维生素 K 也可被吸收和利用。

11. 维生素 PP

维生素 PP 存在于各种食物，特别是肉、鱼和小麦中。玉米中的维生素

玉米中含有丰富的维生素 PP

PP 是以不能被人体吸收的结合形式存在的，因此，维生素 PP 缺乏症主要发生在以玉米为主食的地区。

维生素 PP 是白色晶体，可溶于水，对热、光、空气和碱都稳定。

维生素 PP 缺乏是发生糙皮病的主要因素之一。糙皮病的症状是腹泻、皮炎和痴呆，对消化道的症状首先是出现舌炎和口腔炎，同时有食欲不振和腹疼的症状。

人体对维生素 PP 的每日需要量为：成人（男）16～17 毫克，成人（女）12～13 毫克，儿童（1～9 岁）6～14 毫克。

12. 维生素 M

维生素 M 存在于所有的绿叶蔬菜以及肝脏、肾脏中。

人体缺乏维生素 M 会引起巨红细胞性贫血和白血球减少，还可能引起智力退化和肠道吸收障碍。成年人每天维生素 M 的需要量约为 400 微克。

13. 维生素 H

维生素 H 以低浓度广泛分布在所有的动、植物中，在酵母、肝脏中的含量很高。

绿色蔬菜中含有丰富的维生素 M

维生素 H 是无色针状晶体，微溶于水，能溶于乙醇，对热和酸、碱都稳定。

除了婴儿以外，维生素 H 缺乏症异常少见。

怎样摄取和加强营养

当我们了解到，糖、脂肪、蛋白质、维生素、常量元素和微量元素是人体必需的营养物质之后，必然会提出这样的问题：我们从哪里获得这些营养物质？对于这个问题，各人有自己的认识。

在商品市场的大潮中，出现了形形色色的营养品广告。绝大多数营养品的广告中宣传其产品中含有人体必需的氨基酸、微量元素、维生素、生物活性物质，对于人体的生长和发育、保持健康、防止衰老具有显著功效。于是，不少人相信，只有常吃营养品才是使人健康的必由之路。

另外一些人则认为，人们应该回归大自然，直接从食物中获取这些营养物质。我们每天吃的粮食、鱼、肉、蛋、奶、蔬菜和水果中都含有各种各样的微量元素，加在一起也可称得上品种齐全，只要把各种食物搭配得好，人体便不会缺少微量元素。所以，摄取和加强营养的最佳途径是：①选择新鲜食物；②达到平衡膳食。

◎ 从新鲜食物中选择营养

农、林、牧、副、渔业的发展，为人们提供了丰富的食物，这些食物里面包含了各种各样的营养物质，足够我们享用。

1. 谷类的营养价值

谷类主要包括大米、小麦、大麦、玉米、小米、高粱等。

谷类中所含的糖主要是淀粉，但它在发生一系列水解反应之后，最后转变为葡萄糖，容易被人体吸收和利用。

谷粒外层的蛋白质含量较高，而经过精加工的谷物（如精米、富强粉等），其中的蛋白质损失较多，因此不应提倡食用精米和精白面。谷类蛋白质中所含的必需氨基酸不够完全，赖氨酸、苯丙氨酸和蛋氨酸偏低，可以采用与鱼、肉、蛋或豆类进行互补和混合食用。也可采用强化的方法，往大米和面粉中添加赖氨酸。

谷物中脂肪含量不多，矿物质主要是磷和钙，但它却是维生素 B 的重要来源，这些维生素 B 大部分集中在胚芽和谷皮里，因此精米和精白面中维生素 B 只有原来含量的 10%～20%，而米糠中的维生素 B 含量却很丰富，因此糙米的营养价值比白米高。

2. 豆　类

豆类可分为两种类型：①以含蛋白质和脂肪为主的大豆；②以含蛋白质和糖为主的各种杂豆（如绿豆、豌豆、蚕豆等）。

大豆含的营养素全面而且丰富，大豆与等量的瘦猪肉相比，蛋白质为猪肉的 2 倍多，钙为猪肉的 33 倍多，磷为猪肉的 3 倍，铁为猪肉的 27 倍。

大豆的蛋白质质量也很好，它含有人体所需的各种氨基酸，特别是赖氨酸这种在米、面等谷物中比较少的氨基酸，大豆中却比较多，所以大豆和粮食混食，通过氨基酸的互补，能显著提高粮食和大豆的营养价值。

大豆含脂肪多，豆油是我国人民的主要食用油之一，含有多种人体必需的不饱和脂肪酸，尤以亚麻油酸的含量最为丰富。

大豆还含有丰富的维生素 E、胡萝卜素和磷脂，对降低血中的胆固醇有益。

大豆不易被消化，因此习惯上都食用豆制品。豆浆的蛋白质利用率可达 90%。豆腐是我国的传统食品，含蛋白质和脂肪较

拓展阅读

亚麻油酸

亚麻油酸是人体必需的脂肪酸，亚麻油酸含量高的食品能预防大肠癌、肺癌，抑制特异性皮炎等炎症的变态反应，还有保护大脑，提高脑神经机能和增强记忆力等功效，因此受到人们喜爱。

高，蛋白质的消化率可达 92%～96%，钙和镁的含量也比较高，质地柔软，不含胆固醇，对胃病、高血压症、糖尿病患者尤为适宜。

3. 蔬菜和水果

蔬菜和水果是维生素的宝库，几乎是维生素 C 的唯一来源，也是胡萝卜素（能在人体内转变为维生素 A）、维生素 B_2、维生素 B_1 等的重要来源。另

外，蔬菜和水果中还存在着矿物质和多种多样的微量元素，还有含量不算丰富的糖、脂肪和蛋白质，营养价值是很全面的。

所有蔬菜都含维生素 C，含量最多的要数辣椒。一般来说，叶菜的维生素 C 含量都比较高。

含胡萝卜素最多的菜是绿叶菜和一部分带黄色的菜，不带颜色的菜如冬瓜等的胡萝卜素含量低。维生素 B_2 在许多食物中的含量不多，因此蔬菜中所含的维生素 B_2 是其重要来源。

蔬菜中含较多纤维素（粗纤维），它虽然不能被人体吸收，也没有营养价值，但它能有效地增加食物消化残渣的体积和重量，即增加粪便的体积和重量，使粪便在肠道内运行加快，并及时兴奋肠道蠕动排便，对于防治结肠疾病（如结肠溃疡、结肠癌）、动脉粥样硬化和胆石症很有好处。

基本小知识

粗纤维

粗纤维是植物细胞壁的主要组成成分，包括纤维素、半纤维素、木质素及角质等成分。吃些含粗纤维的食物可以帮助消化，加强肠胃功能，是有益处的，但是吃多了很明显会因无法消化而造成腹胀。吃粗纤维时必定要小心咀嚼，而咀嚼对牙齿是一种有益的按摩和刺激，可以促进牙齿的生长。所谓粗纤维，就是膳食纤维。含膳食纤维的食物主要有粮食、蔬菜、水果、豆类等。其中，又分为可溶性膳食纤维和不溶性膳食纤维。前者如果胶、树胶和黏胶，它们可溶于水，主要存在于水果、燕麦、大麦和部分豆类中。而大多数膳食纤维都属不溶性，如纤维素和半纤维素等。市场上大部分粗纤维食品中都添加了含有这类不溶性膳食纤维的粗粮和杂粮，如玉米、麦麸、米糠等。粗纤维中营养含量较少，而且不易消化，但它能够对肥胖、高血脂、糖尿病等疾病起到一定的预防和治疗作用。

水果主要含有糖、维生素、矿物质、有机酸和果胶。水果中的糖是葡萄糖、果糖和蔗糖，在人体内都转变为葡萄糖，容易被人体吸收，提供能量。

水果中的维生素含量非常丰富，含量最多的是维生素 C，尤其以鲜枣、山楂、柑橘、柠檬、柚子中维生素 C 含量高。红黄色的水果，如柑橘、杏、菠萝、柿子等含有较多的胡萝卜素，在人体内能转化为维生素 A。

水果中含有多种有机酸（如柠檬酸、酒石酸和苹果酸等）、果胶和纤维素，它们不仅能增进食欲、帮助消化，而且果胶还可以帮助排除多余的胆固醇。因此，常吃和多吃水果对人体有益。

4. 肉 类

肉类可分为畜肉、禽肉两大类。畜肉包括猪肉、牛肉、羊肉、兔肉等；禽肉包括鸡肉、鸭肉、鹅肉等。

肉类的蛋白质中所含的氨基酸几乎包括全部人体必需的氨基酸，是营养最丰富的蛋白质。肉类蛋白质的含量为 10%～20%，瘦肉含蛋白质比肥肉多。瘦猪肉含蛋白质 10%～17%，肥猪肉含 2.2%，瘦牛肉含 20%，肥牛肉含 15.1%，瘦羊肉含 17.3%，肥羊肉含 9.3%，鸡肉含 23.3%，鸭肉含 16.5%，鹅肉含 10.8%。内脏中的蛋白质含量都比较多，如猪肝、牛肝、羊肝含蛋白质约 21%，鸡肝、鸭肝、鹅肝含蛋白质 16%～18%。

肉类蛋白质是动物性蛋白，它与谷类、豆类的植物性蛋白混合食用，可互相补充，提高营养价值。

肉类脂肪的平均含量为 10%～30%。其中，饱和脂肪酸含量较高，不易被人体吸收；胆固醇含量也较高，内脏的胆固醇含量则更高，因此，高血脂和高血压患者不宜多吃肥肉。

肉类中还含有维生素 B_1、维生素 B_2，肝脏中含维生素 D、维生素 B_{12}、维生素 M 等。肉类中的糖含量很低，平均为 1%～5%。

5. 蛋 类

蛋类是营养价值很高的食物，它的蛋白质中所含的氨基酸包括了人体所需的 8 种必需氨基酸，是品种最全的。蛋类中所含的蛋白质容易被消化和吸收，在胃内停留的时间很短，但消化率在 95% 以上。

蛋的食用部分为蛋清和蛋黄，蛋清中除水分外，几乎全为蛋白质。蛋黄则含有多种成分，有卵磷脂、蛋黄磷蛋白质、蛋黄素、胆固醇；其中胆固醇含量很高，一个鸡蛋黄中含 200～300 毫克胆固醇。蛋中还含有钙、磷、铁，维生素 A、维生素 D、维生素 B_1、维生素 B_2 等。一般来说，每人每天食用 2 个鸡蛋，所获的营养就不少了。

6. 水产类

水产类食物指鱼、虾、蟹、蛤等，其特点是味道鲜美、营养丰富。

鱼类含蛋白质 15%～20%，蛋白质含人体所需的必需氨基酸，是优质的蛋白质。鱼肉蛋白质的组织松软，比肉类蛋白更容易被消化吸收，对于体弱者、病人、儿童和老年人特别适合。虾的蛋白质含量最高，可达 20%。

鱼类含脂肪 1%～10%，但鳊鱼脂肪含量可达 15%，鲥鱼可达 17%。鱼类的脂肪主要由不饱和脂肪酸组成，质量高，容易被消化，消化率可达 95%。虾、蟹、蛤的脂肪较少，为 1%～3%。

鱼肝的脂肪中含有极丰富的维生素 A 和维生素 D，鱼肉还含有维生素 B_1，虾和蟹中的维生素 A 较多。

鱼类中含钙、磷、钾达 1%～2%，比其他食物多，食后对壮骨有益。

7. 油 脂

油脂是食物中重要的能量来源，尤其在进行体力劳动和体育锻炼较多时，油脂更是不可缺少的营养。在油脂中，以植物油所含的必需脂肪酸最多，鱼油次之，猪油、牛油、羊油中含量最少。在植物油中，尤以向日葵油、核桃油、豆油、菜子油中的必需脂肪酸含量最多。

维生素 A、维生素 D、维生素 E、维生素 K 都能溶解在油脂里，而且随同油脂一起被消化和吸收。如果食物中缺少油脂，这几种维生素的吸收就会受到很大的影响。

动物油含饱和脂肪酸多，含胆固醇也高，吃多了能使血液中胆固醇含量增高，是诱发动脉粥样硬化的重要因素之一。植物油中不饱和脂肪酸多，不含胆固醇，而且多吃植物油还有助于降低血液中胆固醇含量。

花生和玉米最容易感染黄曲霉素，在温度和湿度适宜时，特别是花生霉烂时，能产生很多黄曲霉素，它对人体有毒，也可能致癌。因此食油加工部门应有足够的重视，在花生油和玉米油加工时不应混入含黄曲霉素的油料。

油脂和含油食品存放时间长了会出现一股怪味，俗称"哈喇味"，这是油在氧气、热、光、微生物作用下发生氧化和分解造成的。因此，我们应该尽量吃新鲜的植物油，油应该在短时间内吃完。

油脂在反复高温加热后，部分脂肪分解为脂肪酸和甘油，又会进一步产生具有强烈刺激性的丙烯醛、烃等，它们能刺激胃肠黏膜。所以用于炸食物的油不能多次反复高温使用，而且不能用存放时间过长的油。

8. 乳和乳制品

牛奶的组成受品种、牛的年龄、季节和饲料等的变动，成分有所变化，其中脂肪含量变化大，蛋白质次之，乳糖的含量则很少变化。在牛奶中，蛋白质总含量为 $2.7\% \sim 3.3\%$，其中酪蛋白占 78%，白蛋白占 10%，球蛋白占 6%，其他低分子蛋白占 6%。

牛奶中含脂肪 $3\% \sim 5\%$，其中 $97\% \sim 98\%$ 为甘油三酯，呈微粒状分散在奶中，因此牛奶是一

拓展阅读

甘油三酯

甘油三酯是长链脂肪酸和甘油形成的脂肪分子。甘油三酯是人体内含量最多的脂类，大部分组织均可以利用甘油三酯分解产物供给能量，同时肝脏、脂肪等组织还可以进行甘油三酯的合成，在脂肪组织中贮存。

种乳油液。

牛奶中乳糖含量4%，还含维生素 A、维生素 D、维生素 E、维生素 K、维生素 B_1、维生素 B_2、维生素 C、维生素 B_6、维生素 B_{12}，以及钾、钠、钙、镁、磷、硫、氯、锰、钼、锌、碘等元素。因此牛奶可以算是营养十分全面的食物，它也是很容易被消化和吸收的。在经济发达的国家，牛奶的平均用量是很高的。

乳制品的种类比较多：①干酪。它是由牛奶中加入发酵剂和凝乳酶，使牛奶凝固，除去乳清，再经压制成型和发酵成熟而制成，其所含的蛋白质和脂肪量为牛奶的 10 倍，容易消化和吸收。②奶油。牛奶经过离心分离后得到的稀奶油，再经杀菌、搅拌、压炼而制成，其脂肪含量在80%以上。③炼乳。它是由牛奶浓缩而成。④奶粉。奶粉是将牛奶经干燥而制成的粉末状产品。

◎ 提倡平衡膳食

在我们能获得的食物中，可以说没有任何一种食物能够含有人体所需的所有营养素，人只吃单一品种的食物是不能维持身体健康的，我们必须把不同的食物搭配起来食用。

我们提倡平衡膳食，就是要求膳食提供的各种营养素不但要充足，而且营养素之间要保持合理的比例关系。另外，还要根据年龄大小、气候等特点选择膳食，并且安排合理的膳食制度。

1. 主、副食搭配

主食的作用是供给人体热能。对我国来说，主食主要是粮食。

粮食的种类很多，它们所含的营养素也互不相同，最好做到多品种和粗细粮搭配，以提高营养价值。例如小米和面粉的赖氨酸含量最少，而白薯和马铃薯的赖氨酸则较多；小米中的色氨酸较多。又如精米和白面好吃，但米和小麦中所含的维生素（如维生素 B_1）、矿物质和粗纤维等都存在于种子的皮层和胚内，碾磨得越精越白，营养素损失得越多，所以"食不厌精"的说法并不可取。

按照多品种、粗细搭配、少吃精米白面的原则选择主食，对于健康肯定是有益的。

随着人民生活水平的日益提高，在我们的餐桌上，副食大大地丰富起来。但是，挑选什么副食，应该说最重要的标准是全面，必须把鱼、肉、蛋、奶、蔬菜、豆类、水果搭配起来，才能谈得上全面营养。

2. 荤素搭配

这个道理人人皆懂，要做起来却不容易。许多动物性食物（即荤菜）是酸性的，若只吃鱼、肉，就会使人体内酸性物质过多，造成人体内酸碱失去平衡，严重的还会出现酸中毒。不少蔬菜、豆类是碱性的，正好能和动物性食物的酸性中和，使人体保持酸碱平衡。

动物性食物中蛋白质、脂肪含量高，相对来说，维生素含量少，尤其是维生素 C 更是特别缺乏。蔬菜和水果几乎是维生素 C 的唯一来源，还含有其他维生素和纤维素。动物性食物和植物性食物经过合理搭配，就能达到平衡膳食。

基本小知识

纤维素

纤维素是由葡萄糖组成的大分子多糖。不溶于水及一般有机溶剂。纤维素是自然界中分布最广、含量最多的一种多糖，占植物界碳含量的50%以上。棉花的纤维素含量接近100%，为天然的最纯纤维素来源。一般木材中，纤维素占40%~50%，还有10%~30%的半纤维素和20%~30%的木质素。

现在，人们已经逐步认识到，胖并不是健康的标志。虽然造成肥胖的原因很多，但是，不少胖人都喜欢吃肉，少吃甚至不吃蔬菜。

当然，要做到荤素搭配，还得克服一个"馋"字，这也不容易做到。

另外，人们的副食丰富了，也不能完全靠副食来填饱肚子，因为这样做又缺少了粮食中的营养素，也达不到平衡膳食。

3. 生熟搭配

中国人的习惯是多吃炒熟了的蔬菜，而欧美人的习惯则是蔬菜生吃。到底哪一种吃法好？这还要从蔬菜的性质说起。

蔬菜中的维生素 C 和维生素 B 在受热时很容易被破坏，因此生吃新鲜蔬菜，可以摄取更多的维生素。

可是，人们的习惯总是不容易改变的，因此我们在烹调蔬菜时，最好的办法是旺火急炒，尽量不要把蔬菜炒烂了。另外，新鲜蔬菜炒熟后，往往要出不少汤，很多人总是光吃菜，不喝菜汤，殊不知菜汤里溶解了很多维生素，倒掉了实在可惜。

当然，作为蔬菜的补充，多吃水果也是增加营养的好办法，人人都要养成吃水果的好习惯。

4. 一日三餐不可少

平衡膳食要求有合理的膳食制度。人一天吃几次饭，是根据人体在一天中消耗能量的需要和消化规律来确定的。在日常生活中，我们的工作、劳动、学习、娱乐和体育锻炼以及休息都有一定的安排和规律，因此，进食也应该和这些规律相适应，才能使食物释放的能量和所含的营养及时满足人体的需要。

一日三餐是有科学根据的，而"早上吃得饱，中午吃得好，晚上吃得少"则是有益的经验之谈。

胃肠的消化能力有一定的限度，超过这个限度，不但食物不能充分消化和吸收，而且会增加胃肠的负担，对胃肠有损害。一般混合的食物在胃中停留时间约为 4~5 小时，因此以每天吃三顿饭的间隔时间为适宜。

"一日三餐"看起来不难做到，可是，有人没有吃早饭的习惯，他不了解早饭对于身体健康和提高工作效率是大有好处的。人们经过一夜消化，胃内食物基本排空，如果得不到补充，其后果是可想而知的。

还有人是"中午吃得差，晚上吃得好"。当然，不少人受到条件的限制，中午没有足够的时间做饭，于是就凑合着填饱肚子，甚至拿方便面充饥，天长日久肯定对健康有害，而且会降低下午的工作效率。

也有人下班回家以后，有了足够的时间，于是做上一顿丰盛的晚餐，而且晚餐的时间很晚，与午餐间隔的时间特别长。这样做也不科学，因为晚餐以后，稍作娱乐和休息就要进入睡眠时间，如果把一天所需要的丰富的营养都集中在这个时间，就不符合胃肠消化的规律了。

因此，每一个人都要根据个人的条件安排一日三餐，但是，"早上吃得饱，中午吃得好，晚上吃得少"这个原则应该坚持。

5. 四季膳食调配

一年四季气候（特别是气温）的变化对于人体生理活动有一定的影响。天气炎热时，人体受内热和外热的影响，皮肤血管舒张，汗分泌增加，呼吸加快，应注意散热；天气寒冷时，又要保持体温，使体内产生热量。四季的膳食安排就要有所变化。

由于经过了冬季，而冬季蔬菜的品种比较少，人体摄取的维生素不足，因此在春季应多吃新鲜蔬菜，特别是绿叶菜。

夏天气温升高，天气炎热，人的食欲降低，消化力减弱，可适当减少肉类，多吃鱼、蛋、豆制品以及凉拌菜、水果等，还要吃一些杀菌的蒜、芥末。

秋季逐渐凉爽，食欲提高，因此各种食物都要搭配着吃，以增加营养，包括鱼、肉、蛋、豆类、蔬菜、水果等。

冬季气温下降，人的代谢作用加大，为了抵御风寒，可多增加鱼、肉、蛋，应该注意的是冬季的蔬菜虽然少，但也必须保持足够的量，不能造成维生素 C 等的不足。

6. 根据年龄安排膳食

儿童的生长发育迅速，活动较多，新陈代谢和肌肉活动所消耗的热能较高。如果缺乏营养素，就会影响儿童的生长发育，轻者发育迟缓，重者引起营养缺乏症，例如由缺乏维生素 A 引起的干眼病。

儿童期力求营养全面，切忌偏食或多吃零食，不吃有刺激性和不易消化的膳食，牛奶或豆浆以及鸡蛋、水果是必需的食物。

青少年时期，各种器官逐渐发育成熟，是一生中长身体的最重要的时期，因此食欲大振，必须供给足够的热量，要有全面的营养。正在发育的青少年的全身组织细胞都在增长，因此蛋白质的摄取至关重要。由于骨骼也在发育，应该供应足够的钙和磷，例如多吃海带、虾皮一类食物。

学生课程多，学习紧张，早餐一定要吃饱和吃好。如果有条件的话，可以吃课间餐，这是许多营养学家的倡议。

老年人活动量减少，新陈代谢缓慢，每天从膳食中摄取的能量应比成年人低，否则有可能引起身体超重，增加心脏负担。老年人应控制甜食，少吃葡萄糖、蔗糖，以免患糖尿病。对于蛋白质质量要求也比较高，应多喝牛奶，多吃鸡蛋、鱼虾、瘦肉，少吃脂肪和胆固醇含量高的食物，如动物内脏、黄油、墨鱼、鱿鱼以及动物油。老年人缺钙容易引起骨质疏松症，要多从奶类和豆类摄取钙。维生素对老年人很重要，因此多吃蔬菜和水果也是保健的关键。

与人体密切相关的九大果蔬

九大果蔬不仅含有人体所必需的维生素、矿物质等，还能提供丰富的植物营养素，这些颜色各异的化学物质有不同的功能。认识九大果蔬的特点，合理选择你需要的食品，对人体健康是非常有好处的。

◎ 番茄（西红柿）

番茄（西红柿）含有丰富的维生素、矿物质、碳水化合物、有机酸及少量的蛋白质。它有促进消化、利尿、抑制多种细菌的作用。番茄中维生素 D 可保护血管，治疗高血压。番茄中有谷胱甘肽，有推迟细胞衰老，增加人体抗癌的能力。番茄中的胡萝卜素可保护皮肤弹性，促进骨骼钙化，防治小童佝偻病、夜盲症和眼干燥症。其营养成分每 100 克含蛋白质 0.6 克，脂肪 0.2 克，碳水化合物 3.3 克，磷 22 毫克，铁 0.3 毫克，胡萝卜素 0.25 毫克，硫胺素 0.3 毫克，核黄素 0.03 毫克，尼克酸 0.6 毫克，抗坏血酸 11 毫克。此

番 茄

外，番茄中还含有维生素 P、番茄红素、谷胱甘肽、苹果酸、柠檬酸等。

◎西　瓜

西瓜中含蛋白质、葡萄糖、蔗糖、果糖、苹果酸、瓜氨酸、谷氨酸、精氨酸、磷酸、丙氨酸、丙酸、乙二醇、甜菜碱、腺嘌呤、蔗糖、萝卜素、胡萝卜素、番茄烃、六氢番茄烃、维生素 A、维生素 B、维生素 C，挥发性成分中含多种醛类。种子含脂肪油、蛋白质、维生素 B_2、淀粉、戊聚糖、丙酸、尿素、蔗糖等。西瓜果肉所含瓜氨酸、精氨酸成分，能增强尿素的形成，而形成利尿作

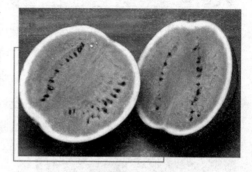

西　瓜

用。西瓜子含一种皂样成分，有降血压作用，尚能缓解急性膀胱炎功能。新鲜西瓜皮盐腌后可作小菜，西瓜生食能解渴生津，解暑热、烦躁。我国民间谚语：夏日吃西瓜，药物不用抓。说明暑夏最适宜吃西瓜，不但可解暑热、发汗多，还可以补充水分，被称为夏季瓜果之王。在新疆哈密等地昼夜温差大，白天热，夜间寒冷，因此有谚语：朝穿皮袄午穿纱，怀抱火炉吃西瓜。

櫻　桃

◎樱　桃

在水果家族中，一般铁的含量较低，樱桃却不同：每 100 克樱桃中含铁量多达 5.9 毫克，居于水果首位；维生素 A 含量比葡萄、苹果、橘子多 4～5 倍。此外，樱桃中还含有维生素 B、维生素 C 及钙、磷等矿物质元素。樱桃补中益气，祛风胜湿，主治病后体虚气弱，气短心悸，倦怠食少，咽干口渴，

以及风湿腰腿疼痛，关节屈伸不利，冻疮等病症。樱桃营养丰富，所含蛋白质、糖、磷、胡萝卜素、维生素 C 等均比苹果、梨高，常用樱桃汁涂擦面部及皱纹处，能使面部皮肤红润嫩白，去皱消斑。

◎ 橘 子

橘子是低热量低脂肪的水果，每 100 克含有 0.7 克蛋白质、0.6 克脂肪、57 卡热量。橘子营养价值很高，含有非常丰富的蛋白质、有机酸、维生素以及钙、磷、镁、钠等人体必需的元素，这是其他水果所难以比拟的。橘子不但营养价值高，而且还具有健胃、润肺、补血、清肠、利便等功效，可促进伤口愈合，对败血症等有良好的辅助疗效。此外，由于橘子含有生理活性物质皮苷，所以可降低血液的黏滞度，减少血栓的形成，故而对脑血管疾病，如脑血栓、中风等也有较好的预防作用。而鲜

橘 子

橘肉由于含有类似胰岛素的成分，更是糖尿病患者的理想食品。我国医学界也认为，橘子味甘酸、性寒，具有理气化痰、润肺清肠、补血健脾等功效，能治食少、口淡、消化不良等症，能帮助消化、除痰止渴、理气散结。吃橘子前后 1 小时不要喝牛奶，因为牛奶中的蛋白质遇到果酸会凝固，影响消化吸收。橘子不宜多吃，吃完应及时刷牙漱口，以免损害口腔牙齿。

◎ 菠 萝

菠萝营养丰富，含多种维生素，其中维生素 C 含量可高达 42 毫克。此外，钙、铁、磷等含量丰富。菠萝既可鲜食，也可加工成糖水菠萝罐头、菠萝果汁、菠萝酱等。此外，菠萝加工中的副产品，可制糖、酒精、味精、柠檬酸等。菠萝鲜食，肉色金黄，香味浓郁，甜酸适口，清脆多汁。加工制品菠萝罐头被誉为"国际性果品罐头"，还可制成多种加工制品，广受消费者的

欢迎。菠萝中有一种酵素——菠萝蛋白酶，它能溶血栓，防止血栓形成，减少脑血管病和心脏病的死亡率。菠萝汁取菠萝捣烂绞汁，每次半茶杯，凉开水冲服，具有清热生津之功效。菠萝饮——鲜菠萝果肉 250 克，食盐少许。先将菠萝果肉洗净，切成 3 厘米见方果丁，榨取果汁备用，取一大口杯，盛入凉开水 100 毫升，加入菠

菠　萝

萝汁、食盐，搅匀后服用，每日 2 次。此饮具有清热解渴，除烦的功效，适用于虚热烦渴之症。糖尿病患者饮用大有裨益。菠萝膏——鲜菠萝 3 个，鲜蜂蜜 1 500 毫升。将菠萝洗净并削去外皮，切成 3 厘米见方果丁，榨取果汁备用；将果汁倒入砂锅，用文火煎，直至果汁变调后，加入蜂蜜，拌匀成膏状即成。每日早晚各服约 100 克。菠萝膏具有健脾益肾的功效，适用于脾肾气虚、消渴、小便不利等病症。

◎苹果

　　试验表明，每天吃 2 个苹果，3 周后受试者血液中的甘油三酯水平降低了 21%，而甘油三酯水平高正是血管硬化的罪魁祸首。苹果的果胶进入人体后，能与胆汁酸结合，像海绵一样吸收多余的胆固醇和甘油三酯，然后排出体外。

苹果

同时，苹果分解的乙酸有利于这 2 种物质的分解代谢。苹果中的维生素、果糖、镁等也能降低它们的含量。降血压——过量的钠是引起高血压和中风的一个重要因素。苹果含有充足的钾，可与体内过剩的钠结合并排出体外，从而降低血压。同时，钾离子能有效地保护血管，并降低高血压、中风的发生率。英国科学家发现，苹果

中所含的多酚及黄酮类物质能有效预防心脑血管疾病。预防癌症——日本弘前大学的研究证实，苹果中的多酚能够抑制癌细胞的增殖。而芬兰的一项研究更令人振奋：苹果中含有的黄酮类物质是一种高效抗氧化剂，它不但是最好的血管清理剂，而且是癌症的克星。假如人们多吃苹果，患肺癌的概率能减少 46%，患其他癌症的概率也能减少 20%。法国国家健康医学研究所的最新研究还告诉我们，苹果中的原花青素能预防结肠癌。抗氧化作用——美国康奈尔大学的研究小组把老鼠的脑细胞浸到含有栎精和维生素 C 的液体中，发现脑细胞的抗氧化能力明显增强。同其他蔬菜水果相比，苹果

拓展阅读

胆汁酸

　　胆汁酸是胆汁的重要成分，在脂肪代谢中起着重要作用。胆汁酸主要存在于肠肝循环系统并通过再循环起一定的保护作用。只有一少部分胆汁酸进入外围循环。促进胆汁酸肠肝循环的动力是肝细胞的转运系统——吸收胆汁酸并将其分泌入胆汁、缩胆囊素诱导的胆囊收缩、小肠的推进蠕动，回肠黏膜的主动运输及血液向门静脉的流入。胆汁酸在胆囊中储存浓缩 5～10 倍。进餐后，胆囊在胰酶分泌素作用下发生收缩。在收缩过程中，胆囊的作用像马达，驱动肠肝循环。通常情况下，在进餐消化后 30 分钟内，十二指肠中的胆汁酸浓度急剧升高。

里含有的栎精是最好的，而红苹果又比黄苹果和绿苹果好。所以，对于老年痴呆症和帕金森综合征患者来说，苹果是最好的食品。

◎梨

　　梨具有生津、润燥、清热、化痰等功效，适用于热病伤津、烦渴、消渴症、热咳、痰热惊狂、噎嗝、口渴失音、眼赤肿痛、消化不良。梨果皮有清心、润肺、降

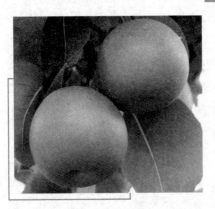

梨

火、生津、滋肾、补阴功效。根、枝叶、花有润肺、消痰清热、解毒之功效。梨籽含有木质素，是一种不可溶纤维，能在肠道中溶解，形成像胶质的薄膜，能在肠道中与胆固醇结合而排出。梨子含有硼，可以预防妇女骨质疏松症。硼充足时，记忆力、注意力、心智敏锐度会提高。民间对梨有"生者清六腑之热，熟者滋五腑之阴"的说法。因此，生吃梨能明显解除上呼吸道感染患者所出现的咽喉干、痒、痛、音哑，以及便秘尿赤等症状。

知识小链接

纤　维

　　纤维（Fiber）一般是指细而长的材料。纤维具有弹性模量大，塑性形变小，强度高等特点，有很高的结晶能力，分子量小，一般为几万。纤维有两大特点：一是细到人们不能用肉眼直接观测，直径一般在几微米至几十微米之间或更细；二是其长径比在理论上能达到无穷大，与纤维的种类有关，这使纤维在力学上明显表现出长的性质，例如其弯曲扭转时发生小范围部分形变，整体拉伸时即使在弹性范围以内也显示出相当大的形变。所以简单地说，纤维是一种细而长的，即直径细到肉眼不能直接观测，而其长度与直径的比在几十倍以上的物质。

◎香　蕉

　　香蕉营养价值高，但是并非人人适宜吃。香蕉含钾高，患有急慢性肾炎、肾功能不全者，都不适合多吃，建议这些病人如果每天吃香蕉的话，以半根为限。此外，香蕉糖分高，一根香蕉约含120卡热量（相等于半碗白饭），患糖尿病者也必须注意摄取的分量不能多。香蕉属于高钾食品，钾离子可以强化肌力及肌耐力，因此特别受运动员的喜爱。香蕉有助于降低血压，钾对人体的钠具有抑制作用，多吃香蕉，可降低血压，预防高血压和心血管疾病。研究显示，每天吃2根香蕉，可有效降低10%血压。食用禁忌：①不宜空腹吃。香蕉中有较多的镁元素，镁是影响心脏功能的敏感元素，能对心血管产生抑制作用。空腹吃香蕉会使人体中的镁骤然升高而破坏人体血液中的镁钙平衡，对心血管产生抑制作用，不利于身体健康。②畏寒体弱和胃虚的人不宜多吃，因为香蕉在胃肠中消化得很慢，对胆囊不好。

◎石 榴

石榴的营养特别丰富，含有多种人体所需的营养成分，果实中含有维生

石 榴

素C及B族维生素、有机酸、糖类、蛋白质、脂肪，以及钙、磷、钾等矿物质。据分析，石榴果实中含碳水化合物17%，水分79%，糖13%~17%。其中维生素C的含量比苹果高1~2倍，而脂肪、蛋白质的含量较少，果实以鲜吃为主。石榴汁含有多种氨基酸和微量元素，有助于消化、抗胃溃疡、软化血管、降血脂和血糖，降低胆固醇等多种功能，可防治冠心病、高血压，可达到健胃提神、增强食欲、益寿延年之功效；对饮酒过量者，解酒有奇效。

人体化学反应中的有害物质

◎食油的毒性来自原油或加工过程

（1）原油致毒的食油有：①生棉籽油系将生棉籽直接榨出而得，有毒物为棉酚、棉酚紫、棉酚绿，通常加热不能除去，中毒主要症状为头晕、乏力、心慌等，影响生育（棉酚为男性避孕药）；防毒办法是将其合理加工，榨油前将棉籽蒸炒，然后将油碱洗，中和后再水洗；生棉籽油切不可食用。②菜籽油含有芥子苷，在芥子酶作用下生成噁唑烷硫酮，具有使人恶心的臭味，该毒物是挥发性的，烹调时先将油热至冒烟即可除去。

陈　油

（2）陈油指高温下用过的或长期存放的油。多次高温加热后的油，其中维生素和必需脂肪酸被破坏，营养价值已大降。由于长时间加热，其中的不饱和脂肪酸通过氧化发生聚合，生成各种聚体，其中二聚体可被人体吸收，并有较强毒性。动物试验表明，喂食这类油的动物生长停滞、肝脏肿大、胃溃疡，并出现各种癌变。

拓展阅读

二聚体

　　二聚体或称双体、二聚物，在不同领域中有不同意义，但基本含义都表示相同或同一种类的物质，以成双的形态出现，可能具有单一状态时没有的性质或功能。化学上，凡是两个分子结合成一个新的物质，无论是物理作用还是化学变化，都可以将生成的物质称为二聚体。常见的例子包括二聚氯化亚铜、二聚氯化铝、二乙烯酮、气态的二聚羧酸、二聚环戊二烯、二聚环丁二烯等等。它可以是聚合物中的一种特例，例如蔗糖由葡萄糖和果糖单元缩合组成，则蔗糖虽为一个分子，但归属为一种二聚体。

◎蔬菜及水果有的含特殊毒素

　　（1）蔬菜——靠一般烹调仍不能去毒的有：①四季豆。它又称芸豆或芸扁豆，毒素为豆荚外皮中的皂素（对消化道黏膜有强刺激性）和豆荚籽实粒中的植物血球凝集素（有凝血作用），中毒症状为胸闷、麻木等；需较长时间煮透，至原来的生绿色消失，食用时无生味感，毒素方可完全破坏，切忌生吃、凉拌等。②发芽土豆。其发绿的皮层及芽中含有龙葵素（茄碱），可破坏人体红血球而致毒，主要症状为呼吸困难、心脏麻木，去毒办法是将芽及发芽部位一起挖去，再用水浸泡半小时以上，炒煮时再适当加醋以破坏毒素。③鲜黄花。含秋水仙碱（此碱本身无毒），在体内可被氧化成强毒的氧化二秋水仙碱，侵犯血液循环系统。去毒办法是先用开水烫鲜菜，再放入清水中浸泡 2～3 小时，即可去碱。干黄花菜由于已经过蒸煮晒制，秋水仙碱已被破坏，故无害。

（2）水果——①荔枝。过食则乏力、昏迷等，称为"荔枝病"（中医），实为"低血糖"（西医）。因其中含 α-次甲基环丙基甘氨酸，有降低血糖的作用（但荔枝本身葡萄糖含量达 66%，有丰富的维生素 A、维生素 B、维生素 C 及游离氨基酸）。②柿。空腹过量食用，或与酸性食物、白酒等同食，易得"柿石"，又称"胃柿石"，妨碍消化，导致胃痛。因柿中含丹宁较多，有强收敛性，刺激胃壁造成胃液分泌减少。与单宁生成凝聚物的酸、蛋白质等，均不宜与柿同食，如白薯可促进胃酸分泌。③桃仁、杏仁。含苦杏仁酸，在体内水解转化成氢氰酸，剧毒，痉挛且致死，宜炒熟后方可食用。

◎ 其他食物

（1）含毒的花蜜。例如杜鹃红、山月桂、夹竹桃等的花蜜中含有化学结构与毛地黄相似的物质，能引起心律不齐、食欲不振和呕吐。应充分蒸煮以去毒。

（2）蘑菇。可食用者 300 多种，毒蘑的主要毒素有：原浆毒（使人体大部分器官发生细胞变性）、神经毒（痉挛、昏厥）、胃肠毒（胃肠剧痛）和溶血毒（溶血性贫血）四类，关键在于识别。毒蘑的主要特点有：蘑冠色泽艳丽或呈黏土色，表面黏脆，蘑柄上有环，多生长于腐物或粪土上，碎后变色明显，煮时可使银器、大蒜或米饭变黑。

（3）生鱼。淡水鱼如鲤鱼大都含有破坏硫胺（维生素 B_0）的酶，称为硫胺素酶，如生吃易得硫胺缺乏症（脚气病或心力衰竭而突然死亡），较长时间加热可破坏这种酶，并保留原有硫胺。

（4）河豚。其内脏和皮肤（尤其是卵巢和肝）中存在河豚毒素，系一种强神经毒剂，不仅可毒死人，而且可使其他食此脏器的动物如猫、犬、猪致死。我国东南沿海每年都有中毒者，1958～1959 年日本曾发生 500 例河豚中毒，死亡率达 50%。克服办法是食用鲜鱼先去皮、内脏。

（5）烟熏鱼、肉。烟熏鱼、肉即通常我国南方用稻草熏制的腊鱼、腊肉（因通常在寒冬腊月食用，故名），通常含两类毒物，即黄曲霉素和亚硝基化合物。黄曲霉素耐热性强，在 280℃以上才分解，油溶性好。盐中常含有的硝酸盐（各种尘土及古宅的墙壁含量多）受热时在还原剂作用下生成亚硝酸盐，然后转化成亚硝胺。这两者致癌机理已确证。

◎ 其他毒物

（1）黄曲霉毒素。它是一类存在于霉变的谷物中的广泛分布于世界各地的毒素，中毒症状是肝损伤、肝癌及儿童的急性脑炎。第二次世界大战期间曾有流行于前苏联、乌干达、泰国的儿童急性感染中毒的报道。霉菌毒素也作用于动物，1960 年英国有 10 万只火鸡死于某种神秘的疾病，其后发现死亡火鸡的饲料——花生饼粉中存在大量黄曲霉素。预防和处置的主要措施是，在干燥条件下保存谷物（湿度应低于 18.5%）及易霉变的含油种子，如花生等；紫外线辐射、有机酸（乙酸与丙酸混合物或丙酸）作用于谷物，氨气处理棉籽可使毒素失活。

（2）丹毒。它指存在于麦角中的紫花麦角菌中毒，该毒素分布于各种黑麦、小麦、大麦中，中毒主要症状为全身痒、麻木，长期吃麦角者则痉挛、发炎，最终手脚变黑、萎缩。麦角中毒涉及 6 种生物碱，通常麦角是一种防止失血、治偏头痛的药物，但食用含量超过 0.3% 的麦角即会中毒。预防办法是谷物加工前应筛去麦角，出现中毒症状即应用无麦角饮食调治。

（3）肉毒毒素。它为肉毒梭菌，广泛存在于土壤中，如在烹调中未被杀死，则它可在厌氧条件下产生出强毒素，如 A 型肉毒中毒，致命性严重，为眼镜蛇毒素毒性的 1 万倍，是马钱子碱或氰化物毒性的几百万倍。其中毒是由于食用未充分煮熟的家制罐装肉和蔬菜（菜豆、玉米）等引起的。预防办法是充分煮烹，不食用产生气体、变色、变稠的食物，扔掉变凸的罐头；治疗办法是催吐，吐尽毒物，适当服用抗毒素。

（4）尸毒。肉类腐败后生成的生物碱之总称，主要有腐败牛肉所含的神经碱、鱼肉的组织毒素，以及腐肉胺、骼胺和尸毒素等。尸毒是动物死后其肌肉自行消化变软，细菌不断繁殖，使其蛋白质分解而成。应禁食各种腐肉。

（5）大肠杆菌。大肠杆菌是肠道最主要的细菌群落，由人的粪便排出，通过苍蝇和手传到食物和食具上，又未经消毒传染而致病，在旅游业发达的今天，被称为"旅游者疾病"。其特点是严重水性腹泻（称为旅游者痢疾）。食物烹制要充分消毒，食具应用酒精处理。

（6）葡萄球菌。食物中毒是最普遍的细菌致毒，因为很多健康人都是这类带菌者，涉及的

拓展阅读

生物碱

生物碱是存在于自然界（主要为植物，但有的也存在于动物）中的一类含氮的碱性有机化合物，有似碱的性质，所以过去又称为赝碱。大多数有复杂的环状结构，氮素多包含在环内，有显著的生物活性，是中草药中重要的有效成分之一，具有光学活性。有些不含碱性而来源于植物的含氮有机化合物，有明显的生物活性，故仍包括在生物碱的范围内。而有些来源于天然的含氮有机化合物，如某些维生素、氨基酸、肽类，习惯上又不属于"生物碱"。大多数生物碱是结晶形固体；有些是非结晶形粉末；还有少数在常温时为液体，如烟碱、毒芹碱等。

食品范围极其广泛。其中毒症状是严重的呕吐、腹泻，由于有脱水性而造成体力不支，通常在食入后数分钟至 6 小时内发作。应饮大量水并催吐。

人体中的糖类

　　糖类是自然界中分布最广的有机物，是生物体的重要成分。糖类约占人体重量的2%，但是生命活动中70%的能量来源于糖类。人体主要的糖类是糖原和葡萄糖。葡萄糖是主要供能形式和运输形式，而糖原是糖类的贮存形式，以肝糖原和肌糖原含量最多。动物、植物和微生物都需要从淀粉、糖原或葡萄糖等氧化分解中获得生存所需的能量。1克葡萄糖彻底氧化大约产生17千焦的能量。目前已知的葡萄糖在细胞内的分解主要有3条途径，即糖酵解、三羧酸循环和磷酸戊糖途径。此外，还有许多涉及其他类型糖的分解机制或途径，它们与上述3条途径都有密切的联系。

糖类的生物学功能

◎ 作为能源物质

生物细胞的各种代谢活动，包括物质的分解和合成，都需要有足够的能量。其中，ATP 是糖类降解时，通过氧化磷酸化作用而形成的最重要的能量载体物质。生物细胞只能利用高能化合物（主要是 ATP）水解时释放的化学能来做功，以满足生长发育等所需要的能量消耗。

基本小知识

细 胞

细胞是生命活动的基本单位。已知除病毒之外的所有生物均由细胞组成，但病毒生命活动也必须在细胞中才能体现。一般来说，细菌等绝大部分微生物以及原生动物由一个细胞组成，即单细胞生物；高等植物与高等动物则是多细胞生物。细胞可分为两类：原核细胞、真核细胞。但也有人提出应分为三类，即把原属于原核细胞的古核细胞独立出来作为与之并列的一类。研究细胞的学科称为细胞生物学。世界上现存最大的细胞为鸵鸟的卵子。

◎ 合成生物体内重要的代谢物质

葡萄糖、果糖等在降解过程中除了能提供大量能量外，其分解过程中还能形成许多中间产物或前体，生物细胞通过这些前体产物再去合成一系列其他重要的物质，包括：

（1）乙酰 CoA、氨基酸、核苷酸等，它们分别是合成脂肪、蛋白质和核酸等大分子物质的前体。

（2）生物体内许多重要的次生代谢物、抗性物质，如生物碱、黄酮类等物质，它们对提高植物的

糖蛋白

抗逆性起到重要的作用。

基本小知识

果　糖

　　果糖中含6个碳原子，也是一种单糖，是葡萄糖的同分异构体。它以游离状态大量存在于水果的浆汁和蜂蜜中，还能与葡萄糖结合生成蔗糖。纯净的果糖为无色晶体，熔点为103℃~105℃，它不易结晶，通常为黏稠性液体，易溶于水、乙醇和乙醚。果糖是最甜的单糖。果糖温度越低，甜度越大，即在口感上越冷越甜。果糖与其他糖品相比，在口中的甜味感来得快，消失得也快。果糖的甜味峰值比食品的其他风味出现得早。当食品的其他风味峰值出现时，果糖的甜味已经消退，这样不会遮掩食品的其他风味，能与各种不同的香味和谐并存，因此不会因为加入了果糖而覆盖和混淆了其他果品的原味。

◎ 细胞中的结构物质

　　细胞中的结构物质如植物细胞壁等是由纤维素、半纤维素、果胶质等物质组成；甲壳质是组成虾、蟹、昆虫等外骨骼的结构物质。这些物质都是由糖类转化物聚合而成的。

◎ 参与分子和细胞特异性识别

　　由寡糖或多糖组成的糖链常存在于细胞表面，形成糖脂和糖蛋白，参与分子或细胞间的特异性识别和结合。例如抗体和抗原、激素和受体、病原体和宿主细胞、蛋白质和抑制剂等常通过糖链识别后再进行结合。

👁 人体中糖的种类

　　糖类广泛分布于生物体内，为植物光合作用的初生产物。糖类不仅是植物体内的贮藏养料，而且是生物合成其他有机化合物的前体。按照组成糖类成分的糖基个数，可将糖类分为单糖、低聚糖和多糖3类。

◎ 单糖类

单 糖

单糖类是具有多羟基的醛（醛糖类）或酮（酮糖类）。现已发现的天然单糖有200多种，而以五碳（戊糖）、六碳（己糖）单糖最为多见。大多数单糖在生物体内呈结合状态，仅葡萄糖、果糖等少数单糖呈游离状态存在。

单糖多呈结晶状态，有甜味，易溶于水，可溶于稀醇，难溶于高浓度乙醇，不溶于乙醚、氯仿和苯等低极性溶剂，具有旋光性和还原性。

◎ 低（聚）糖类

低（聚）糖类由2~9个单糖分子聚合而成。目前仅发现由2~5个单糖分子组成的低聚糖，分别称为双糖（如蔗糖、麦芽糖）、三糖（如龙胆三糖、甘露三糖）、四糖（如水苏糖）、五糖（如毛蕊糖）等。在植物体内分布最广又呈游离状态的低聚糖是蔗糖。

知识小链接

单 糖

单糖一般是含有3~6个碳原子的多羟基醛或多羟基酮。最简单的单糖是甘油醛和二羟基丙酮。单糖是构成各种糖分子的基本单位，天然存在的单糖一般都是D型。在糖通式中，单糖的 n 是3~7的整数。单糖既可以环式结构形式存在，也可以开链形式存在。

低聚糖大多由不同的糖聚合而成，也可由相同的单糖聚合而成，如麦芽糖、海藻糖。

低聚糖与单糖类似，为结晶性，部分糖有甜味。易溶于水，难溶或不溶于有机溶剂。易被酶或酸水解成单糖而具旋光性。当分子中有游离醛基或酮基时，具有还原性，如麦芽糖、乳糖；当分子中没有游离醛基或酮基时，不具有还原性，如蔗糖、龙胆三糖。

麦芽低聚糖

◎ 多（聚）糖类

多（聚）糖类由 10 个以上单糖分子聚合而成，通常由几百甚至几千个单糖分子组成。由 1 种单糖组成的多糖，称为均多糖，通式为 $(C_nH_{2n-2}O_{n-1})_x$，x 可至数千。由 2 种以上不同的单糖组成的多糖，称杂多糖。在多糖结构中除单糖外，还含有糖醛酸、去氧糖、氨基糖与糖醇等，且可以有别的取代基。

多糖按功能不同可分为 2 类：①不溶于水的动植物的支持组织，如植物中的纤维素，甲壳类动物中的甲壳素等。②动植物的储藏养料，可溶于热水形成胶状溶液。随着科学技术的发展，不少多糖的生物活性被发掘并用于临床，如刺五加多糖、灵芝多糖、黄精多糖、黄芪多糖都可以促进人体的免疫功能，香菇多糖具有抗癌活性，鹿茸多糖可以抗溃疡等。

淀　粉

多糖性质已大大不同于单糖，大多为无定形化合物，无甜味和还原性，难溶于水，在水中溶解度随分子量增大而降低。多糖被酶或酸水解，可产生代聚糖或单糖。

常见的多糖化合物有以下几种：

（1）淀粉为葡萄糖的高聚物。淀粉是植物体内贮藏的营养物质，具有一定的形态，通常为白色颗粒状粉末，不溶于冷水、乙醇及有机溶剂，在热水中形成胶体溶液，可被稀酸水解成葡萄糖，也可被淀粉酶水解成麦芽糖。

淀粉按结构不同可分为 2 类：①胶淀粉，又称淀粉精，位于淀粉粒外周，约占淀粉的 80%。胶淀粉为支链淀粉，在热水中膨胀成黏胶状，遇碘液呈紫色或红紫色。②糖淀粉，又称淀粉糖，位于淀粉粒中央，约占淀粉的 20%。糖淀粉为直链淀粉，可溶于热水，遇碘液显深蓝色。淀粉通常无明显的药理作用，大量用作制取葡萄糖的原料，在制剂中常作为赋形剂、润滑剂或保护剂。淀粉粒的形态结构是生药显微鉴定的特征之一。

树　胶

淀粉常用碘液反应来鉴定，即淀粉遇碘液呈蓝紫色，加热后蓝紫色消失，冷却后蓝紫色复现。

（2）菊糖为约 35 个果聚糖。这种果聚糖广泛分布于菊科和桔梗科植物中。菊糖溶解于细胞液中，遇乙醇可形成球状结晶析出。能溶于热水，微溶或不溶于冷水，不溶于有机溶剂，遇碘液不显色。常用于肾功能检查。菊糖的形态结构可作为生药显微鉴定的特征之一。

（3）树胶为高等植物干枝受伤或受菌类侵袭后自伤口渗出的分泌物，在空气中干燥后形成半透明的无定形固体。树胶的形成是由于细胞壁、细胞内所含物质受酶的作用分解变质（树胶化）所致。树胶主要分布于蔷薇科、豆科、芸香科与梧桐科等多种植物。

树胶在水中膨胀成胶体溶液，不溶于有机溶剂，与醋酸铅或碱式醋酸铅溶液产生沉淀。

常见的树胶有阿拉伯胶、西黄芪胶、杏胶、桃胶等，主要用作制剂的赋形剂、混悬剂、黏合剂和乳化剂。

趣味点击

树 胶

树胶的工业用途有：①阿拉伯胶。阿拉伯胶主要是阿拉伯胶树的分泌物。浅黄至黄褐色固体、性脆、有光泽。其溶液黏度低、能配成浓度50%以上的溶液，其胶黏性能与黏度无关。世界年产量5万吨，其中90%产于苏丹。阿拉伯胶是工业上用途最广的树胶，常用于食品、医药、化妆品、颜料、墨水、印刷、纺织等方面，也用于油库内壁防止渗漏。②黄蓍胶。黄蓍胶是胶黄蓍树等的分泌物，在树胶中以它的溶液的黏度最高，主要用于食品、医药和化妆品。③桃胶。桃胶由桃的分泌物水解而制得，主要用于水彩颜料和印刷。④落叶松阿拉伯半乳聚糖。落叶松阿拉伯半乳聚糖由落叶松属木材用水或稀碱液浸加工而得，属低黏度高分散性树胶，主要用于医药、食品等。

（4）黏液质为存在于种子、果实、根、茎的黏液细胞和海藻中的一类黏多糖，是保持植物水分的基本物质，是植物正常的生理产物。例如车前子胶是车前子种子中的黏液质。

黏液质的组成与树胶相似，多为无定形固体。在热水中形成胶体溶液，冷后成冻状，不溶于有机溶剂，可与醋酸铅溶液产生沉淀。

（5）黏胶质为高等植物细胞间质的构成物质。

果实中含有大量黏液质

锈棕色的菇表面有黏胶质

（6）动物多糖。

①肝糖原：是动物的贮藏养料，存在于肌肉与肝脏中。其结构与胶淀粉相似，遇碘液呈红褐色。

②甲壳素：是组成甲壳类昆虫外壳的多糖。其结构与纤维素类似，不溶于水，对稀酸和碱都很稳定。甲壳素的水解产物葡萄糖胺是重要的合成原料。

③肝素：主要存在于肝与肺中，为高度硫酸酯化的左旋多糖。它有很强的抗凝血作用，用于防治血栓形成。

④硫酸软骨素：为动物组织的基础物质，用以保持组织的水分和弹性，也是软骨的主要成分。它与肝素相似，在动物体内与蛋白质结合而存在，具有降低血脂活性。

⑤透明质酸：为酸性黏多糖，存在于眼球玻璃体、关节液、皮肤等组织中作为润滑剂，并能阻止微生物的入侵。

蔬菜中含有大量天然膳食纤维素

◎ **糖类成分的鉴别**

（1）成脘试验：生药的水浸液与盐酸苯肼液共热，只要有糖类成分存在，即生成黄色的糖脘结晶。镜检结晶，可视结晶的形状而鉴定出糖的种类。

（2）层析法：取生药浸出液（多糖类需水解），以某种糖为对照品一起进行层析检测。

糖类与人体健康

碳水化合物，亦称糖类，是人体热能最主要的来源。它在人体内消化后，主要以葡萄糖的形式被吸收利用。葡萄糖能够迅速被氧化并提供（释放）能量。每克碳水化合物在人体内氧化燃烧可放出 4 千卡热能。我国以淀粉类食物为主食，人体内总热能的 60%～70% 来自食物中的糖类，主要是由大米、面粉、玉米、小米等含有淀粉的食品供给的。这些碳水化合物是构成机体的成分，并在多种生命过程中起重要作用。例如碳水化合物与脂类形成的糖脂是组成细胞膜与神经组织的成分，黏多糖与蛋白质合成的黏蛋白是构成结缔组织的基础，糖类与蛋白质结合成糖蛋白可构成抗体，某些酶和激素等是具有重要生物活性的物质。人体的大脑和红细胞必须依靠血糖供给能量，因此维持神经系统和红细胞的正常功能也需要糖。糖类与脂肪及蛋白质代谢也有密切关系。糖类具有节省蛋白质的作用。当蛋白质进入机体后，使组织中游离的氨基酸浓度增加，该氨基酸合成为机体蛋白质是耗能过程，若同时摄入糖类补充能量，可节省一部分氨基酸，有利于蛋白质合成。食物纤维是一种不能被人体消化酶分解的糖类，虽不能被吸收，但能吸收水分，使粪便变软，体积增大，从而促进肠道蠕动，有助排便。

基本小知识

食物纤维

简单地说，食物纤维是食物中无法被人体消化分解的成分。虽然它并不具有任何营养价值，但是它留在肠道中却发挥了许多作用，包括能降低胆固醇以减少心血管疾病的发生，阻碍糖类被快速吸收以减缓血糖迅速上升，其中最大的功能在它对大肠癌的预防具有显著的效果。

糖的重要功能是供给能量也是构成神经与细胞的主要成分，成人平均每日每千克体重需糖 6 克。虽然脂肪每单位产热量较糖多 1 倍，但饮食中糖的含量多于脂肪。糖是产生热能的营养素，它使人体保持温暖。人们常说"吃饱了就暖和了"就是这个道理。

糖在机体中参与许多生命活动过程。例如糖蛋白是细胞膜的重要成分；黏蛋白是结缔组织的重要成分；糖脂是神经组织的重要成分。

知识小链接

结缔组织

结缔组织（connective tissue）由细胞和大量细胞间质构成，结缔组织的细胞间质包括基质、细丝状的纤维和不断循环更新的组织液，具有重要功能意义。细胞散居于细胞间质内，分布无极性。广义的结缔组织，包括液状的血液、淋巴，松软的固有结缔组织和较坚固的软骨与骨；一般所说的结缔组织仅指固有结缔组织而言。结缔组织在体内广泛分布，具有连接、支持、营养、保护等多种功能。

当肝糖原储备较丰富时，人体对某些细菌毒素的抵抗力会相应增强。因此保持肝脏含有丰富的糖原，可起到保护肝脏的作用，并能提高肝脏的正常解毒功能。

糖广泛分布于自然界中，来源容易。用糖供给热能，可节省蛋白质，而蛋白质主要用于组织的建造和再生。

脂肪在人体内完全氧化，需要靠糖供给能量，当人体内糖不足，或身体不能利用糖时（如糖尿病人），所需能量大部分要由脂肪供给。脂肪氧化不完全，会产生一定数量的酮体，它过分聚积使血液中酸度偏高、碱度偏低，会引起酮性昏迷。所以糖有抗酮作用。

糖中不被机体消化吸收的纤维素能促进肠道蠕动，防治便秘，又能给肠腔内微生物提供能量，合成维生素 B。

◎ 糖与疾病

在食品的调制中，糖能增甜味，而且容易消化，是热能来源，所以人们特别喜爱甜食。但糖和甜食不宜吃得太多，吃得过多，非但无益，反而有害。

（1）糖与营养不足。每天若是吃糖或甜食较多，那么吃其他富含营养的食物就要减少。尤其是儿童，若吃糖或甜食过多，会使正餐食量减少，于是蛋白质、矿物质、维生素等反而得不到及时补充，以致营养不足。

（2）糖与龋齿。常吃糖食，为口腔内细菌提供了生长繁殖的良好条件，容易被乳酸菌作用而产生酸，使牙齿脱钙，易发生龋齿。

（3）糖与肥胖。吃糖过多，剩余的部分就会转化为脂肪，可带来肥胖的后果，并可能导致肥胖病、糖尿病和高血脂症。

（4）糖与骨折。过多的糖使体内维生素 B_1 的含量减少。因为维生素 B_1 是糖在体内转化为能量时必需的物质，维生素 B_1 不足，大大降低了神经和肌肉的活动能力，因此，偶然摔倒易发生骨折。

（5）糖与癌症。实验研究证实，癌症与缺钙有密切联系，并且造成缺钙的白糖，被认为是某些癌症的诱发因素之一。

（6）糖与寿命。长期吃高糖食物的人，易形成营养不良，肝脏、肾脏可能会肿大，脂肪含量也增加，平均寿命将会缩短。

◎ 糖的合理补充

首先谈谈如何建立正确的吃糖习惯。吃糖的人，特别是爱吃糖的儿童，要纠正含糖的习惯，吃糖时将糖嚼碎，尽量缩短糖在嘴里停留的时间。睡觉前更不应该吃糖，人入睡后，唾液停止分泌，没有清洁口腔的唾液，糖发酵产生的酸就更多，不利于牙齿的健康。吃完糖后，最好用白开水漱漱口，把口腔的含糖量降到最低限度。

关于糖的合理食用量，由于人们生活习惯、饮食结构和劳动强度的不同，国内外营养学者在制定标准上有很大的差异。我国目前糖的供给量占总需能量的 60%~70%，即成年人每日每千克体重 6~8 克，儿童、青少年每日每千克体重 6~10 克，1 岁以下婴儿约 12 克。国外近年比较一致的意见是：每日每千克体重控制在 0.5 克左右。也就是说，体重 20 千克的儿童，每日摄糖量为 10 克；体重 60 千克的成人，每日 30 克左右。以牛羊奶为主食的婴幼儿，也应注意少加糖，培养不嗜甜食的饮食习惯。

严格控制糖的摄入量，不会影响人体对糖的需求，因为除碳水化合物食品外，含糖的加工食品实在太多了。当你喝一杯咖啡或红茶，已摄入 10~15 克糖；吃一块甜点心，又获取了 20 克糖；再饮一瓶清凉饮料，又得到了 30 克糖。这些，就已足够机体 1 天之中对糖的需要量了。

在日常生活中，我们常用的白糖、砂糖、红糖都是蔗糖，是由甘蔗或甜萝卜（即甜菜茎）制成的。糖制成以后，经过一番加工精炼就成为白糖。砂糖和绵白糖只是结晶体大小不同，砂糖的结晶颗粒大，含水分很少；而绵白糖的结晶颗粒小，含水分较多。它们都是纯碳水化合物，只供热能，不含其他营养素，但具有润肺生津、舒缓肝气的功效。红糖是没有经过高度提炼的蔗糖，它除了具备碳水化合物的功用可以提供热能外，还含有微量元素，如铁、铬和其他矿物质等。虽然其貌不扬，但营养价值却比白糖、砂糖高得多，每100克中含钙90毫克、含铁4毫克，均为白糖、砂糖的3倍。中医认为红糖性温味甘，入脾，具有益气、化食之功能，能健脾暖胃，还有止疼、行血、活血散寒的效用。我国的民族习惯，主张妇女产后吃些红糖，认为具有补血活血的作用；在受寒腹痛时，也常用红糖姜汤来祛寒。

◎ 为什么要少吃糖

糖对人体来说是十分重要的，人体所需热量的70%是由糖类食物提供的。那么，是不是吃糖越多，提供能量越多，对人体就越有好处呢？不是的。

我国人民的饮食结构是以米、面为主食的，其中含有大量的糖类。从正常的饮食中，人们已经获得足够的糖，甚至已经超过人体的需要量。随着人们生活水平的提高，对含糖量高的点心、饮料、水果的需求和消耗日益增多，使摄入的糖量大大超过人体需要。过多的糖不能及时被消耗掉，多余的糖在体内转化为甘油三酯和胆固醇，促进了动脉粥样硬化的发生和发展，有些糖转化为脂肪在体内堆积下来，久之则体重增加，血压水平上升，使心肺负担加重，贮存在肝脏内，成为脂肪肝。瑞士专家们研究了1900～1968年食糖消耗量与心脏病的关系，发现冠心病的死亡率与食糖的消耗量呈正相关。日本的调查也得出一致的结果。因此有的学者甚至提出，过多地吃糖，对身体的危害不亚于吸烟。

那么，每天吃多少糖才能控制胆固醇升高呢？据日本调查显示，每天食用糖的数量，应控制在50克以下。但很多食品含有较多的糖，如一瓶汽水含糖量在20克左右；一盒冰淇凌的含糖量约10克；一块奶油点心的含糖量约30克；低度的酒类含糖量为5%～10%，还有奶粉中的糖，咖啡中的糖。由此可见，每天控制进食50克糖，还须精打细算。最好是不吃糖果，少吃点心，做菜也尽量少放糖。

糖的生理功能

　　碳水化合物又称糖，是构成人体的重要成分之一。平常我们吃的主食如馒头、米饭、面包等都属于糖类物质。另外，白糖、红糖、水果也属于糖类物质。糖根据能否水解又分为单糖、双糖（如蔗糖、麦芽糖、乳糖等）、多糖（如淀粉、糖原和纤维素等）。米、面、玉米及白薯所含的淀粉属多糖；红、白糖中的蔗糖及牛乳中的乳糖均是双糖；水果中的糖主要是葡萄糖及果糖，属于单糖。

　　糖的生理功能：①供给能量，糖的主要功能是供给能量，人体所需能量的70%以上是由糖氧化分解供应的。人体内作为能源的糖主要是糖原和葡萄糖，糖原是糖的储存形式，在肝脏和肌肉中含量最多，而葡萄糖是糖的运输形式。1克葡萄糖在体内完全氧化分解，可释放能量 1.67×10^4 焦耳。②糖是组织细胞的重要组成成分，如核糖和脱氧核糖是细胞中核酸的成分；糖与脂类形成的糖脂是组成神经组织与细胞膜的重要成分；糖与蛋白质结合的糖蛋白，具有多种复杂的功能。

◎ 糖类与肿瘤

　　研究发现摄入精制糖量与乳腺癌发生率有关。胃癌的死亡率与谷物摄取量呈正相关。但实际上并不是以高淀粉为主要膳食的国家胃癌患病率也就很高。

　　一些研究认为，膳食纤维与肿瘤呈负相关，膳食物质主要以谷物、蔬菜及水果的摄取量为主。目前一致认为纤维素能缩短食物残渣在肠道中停留的时间，从而缩短致癌物在肠道的停留时间，也减少了致癌物质与肠壁接触的机会。许多纤维素有吸水性而能增加粪便的体积和促进肠道蠕动。有些实验证明麸皮能降低某些化学物质的致癌作用，纤维素起保护作用，能防止化学物质诱发肿瘤。有研究报告认为，吃低纤维素高脂肪膳食的人患结肠直肠癌的相对危险性高于吃低脂肪高纤维素的人。

知识小链接

肿　瘤

肿瘤是机体在各种致癌因素作用下，局部组织的某一个细胞在基因水平上失去对其生长的正常调控，导致其克隆性异常增生而形成的新生物。学界一般将肿瘤分为良性和恶性两大类。肿瘤发生是由于细胞电子平衡失调所致。活性氧（自由基 ROS）是一种缺乏电子的物质（不饱和电子物质），进入人体后到处争夺电子，如果夺去细胞蛋白分子的电子，使蛋白质接上支链发生烷基化，就会形成畸变的分子而致癌。

◎ 糖类对肝病的治疗有什么作用

糖类（碳水化合物）是人体最重要的供能物质，在体内消化后，主要以葡萄糖的形式被吸收。葡萄糖迅速氧化，供应能量。糖类也是构成机体的重要原料，参与细胞的多种活动。例如糖类和蛋白质合成糖蛋白，是抗体、酶类和激素的成分。糖类与脂类合成糖脂，是细胞膜和神经组织的原料。糖类对维持功能有特别作用。糖类有解毒作用。肝糖原储备充足时，可增强抵抗力，食物供应足量糖类，可减少蛋白质作为供能的消耗。

肝脏是调节血糖浓度恒定的重要器官。肝脏原有糖原约占肝脏重量的 $5\% \sim 6\%$，成人平均约有糖原 100 克。当长时间大量摄入糖类食物后，肝糖原可达 150 克左右，健康肥胖者甚至可达 $150 \sim 200$ 克，当饥饿 10 余小时后，大部分肝糖原被消耗掉。

肝病患者应供给足量糖类，以确保蛋白质和热量的需要，促进肝细胞的修复和再生。肝内有足够糖原储存，可增强肝对感染和毒素的抵抗力，保护肝脏免遭进一步损伤，促进肝功能的恢复。但肝内糖原储存有一定限度，过多供给葡萄糖，并不能合成过多糖原，且须防止热量过剩而肥胖。

血糖过低或食欲消失时，可口服或静注葡萄糖。口服后葡萄糖经门脉吸收后直接入肝，较静脉输入更为有利。肝病患者若糖耐量降低，而血糖升高，有肝原性糖尿病时，则不宜静注葡萄糖，也不必口服葡萄糖。

➡️ 人体化学反应中的糖

◎ 吃糖的学问

糖是最经济的生命能源。在糖、脂肪、蛋白质这三类可供选择的生命能源中，唯有糖最经济、最安全。糖经人体消化吸收后，很容易转变成血液中的葡萄糖（即血糖）。血糖可以顺利地通过血脑屏障，成为脑组织在正常情况下几乎唯一的源源不断的能量来源。那么，在日常生活中我们如何充分享受食糖呢？

（1）充分发挥食糖在食疗及日常烹调中抗氧化、保鲜、调味等功能，满足人们吃好求味，吃好求健康的需求。蔗糖遇酸、遇热时很容易水解为具有还原性的单糖，因此蔗糖溶液在一定条件下具有抗氧化性。蔗糖这些抗氧化性质在保护食糖中维生素 C 免遭破坏，继而协同维生素 E 等抗氧化剂在保存及烹调食品过程中防止脂质过氧化等，具有十分重要的意义。

（2）蔗糖中的伯醇基在一定条件下容易与脂肪酸酯化，形成蔗糖酯。蔗糖酯是一种高效、安全的乳化剂，它能改进食品的多种性能，例如提高食品的香味等。蔗糖酯还是一种抗氧化剂，在含脂食品中作为添加剂，可防止食品的酸败，延长食品的保存期。

基本小知识 蔗糖酯

蔗糖酯的全称为蔗糖脂肪酸酯（SE），系以蔗糖为原料，在适当的反应体系中，与脂肪酸进行酯化反应而生成的。它是一种医药辅剂，又是食品、日用化学品的一种添加剂，具有广泛的应用前景。作为商品，蔗糖酯主要是蔗糖与硬脂酸、棕榈酸和油酸的单酯、双酯和三酯以及它们的混合酯。

（3）在烹调中，若能充分利用、发挥蔗糖的抗氧化、保鲜、调味的可贵性质与功能，那么对增进营养，丰富口味，提高生活质量是十分有益的。

（4）药膳与食疗是我国传统医药学巨大宝库的重要组成部分，是为世人所瞩目的具有中国特色的饮食文化的一部分。

几千年来，我国积累了极其丰富的以食糖为主要成分的食疗处方与经验。这些遗产正确引导我国居民吃好、用好食糖，是一笔巨大的财富。据记载，白糖"味甘、性微温，无毒，润心肺炽热，止嗽消痰，解酒和中，助脾气，暖肝气"。作为食疗，内服可润肺生津，和中益脾。可治疗肺燥脚癣、疥疮、阴囊湿疹等。红糖中含有少量蛋白质、多种氨基酸、脂肪、叶绿素、核黄素、胡萝卜素、烟酸等多种维生素，还含有磷和丰富的铁与钙，此外还含有锰、锌、铬等微量元素。所以红糖除适合一般人食用外，更适合产妇、儿童及贫血患者食用。白糖的食疗处方主要有：①用白糖水 9～15 克冲水喝，1～2 次/日，连用 3～5 天可润燥止咳。②白糖水 200 毫升顿服，可解食鱼蟹不舒。③白糖末撒在足痒处可治脚癣。④白糖液煮沸后熏患处，可治阴囊湿疹等。

◎ 运动人体如何补充糖营养

糖是运动人体的重要营养素。那么，如何补糖才能起到最佳效果呢？这就涉及补糖时间、补糖量、补何种糖等方面的医学科学知识了。

体育运动医学证实，在锻炼前 15～45 分钟的时间内补糖，由于胰岛素分泌增加而产生的活跃性低血糖反应，运动能力不但不见提高，反而下降。而在锻炼前即刻补糖，可以维持运动过程中的血糖水平，因为运动开始后，肾上腺素和去甲肾上腺素的释放，会抑制胰岛素的分泌，进而血糖浓度升高。这就表明，体育锻炼前补糖宜安排在运动前数日内，应避免在运动前 15～45 分钟的时间内补糖。运动中的补糖可安排在每隔 15 分钟或每隔 30～60 分钟，运动后的补糖时间越早越好，最好不要超过运动后的 6 小时。因此，我们在坚持体育锻炼的同时，应该养成平时坚持食糖的习惯，不可因为要防止运动性低血糖而临时补糖。

补糖量同样是一个十分讲究的科学问题。过高或过低浓度的糖营养液，都会对机体产生一些不适影响。以糖饮料为例，当饮料中糖浓度大于 2.5% 时，会明显影响胃的排空；当糖浓度大于 10% 时，可降低胃的排空率和效果，并可能引起恶心，胃部胀满感等副作用，而且还可能影响体内水分的及时补充；当糖浓度超过 20% 时，常常引起腹泻。因此，专家建议，对正常人而言，按 1 克/千克体重或 2 克/千克体重补糖，均可使长时间的剧烈运动中血糖浓度维持较高水平，达到促进体育锻炼的效果。

　　糖的类型有多种，最常见的有蔗糖、葡萄糖、果糖等。不同糖对运动能力无明显不同的影响。摄入葡萄糖后吸收最快，但立即会引起胰岛素的分泌增加，使血糖进入肌细胞，从而产生活跃性低血糖；果糖引起较小的

运动饮料中含有适量的糖

胰岛素分泌，但可能引起胃肠道功能紊乱。专家建议，每一个人应当先试用一下不同类型的、不同浓度及口感的糖饮料，以选择适合自己进行体育锻炼时使用的糖饮料。

　　可见，平时注意运动前补充糖营养和加强膳食中碳水化合物等措施，能使体内有充足的肝糖原和肌糖原贮备量。运动中补充糖通过提高血糖水平、增加运动中糖的氧化供给能量、节约肌糖原的损耗，减少蛋白质和脂肪酸供能比例，可使较大运动的耐力时间延长，延缓疲劳发生。运动后补糖，可使消耗掉的肌糖原尽快得到补充与恢复。这表明，糖在体育锻炼中有着重要的意义。

人体中的脂肪

　　脂质代谢的研究中最重要的内容是脂肪的代谢。目前影响人类健康的主要疾病——心血管疾病、高血脂、肥胖等都与脂肪代谢失调密切相关。因此本章重点阐述脂肪的代谢，即脂肪的分解代谢和合成代谢。

脂肪的概述

脂类是油、脂肪、类脂的总称。食物中的油脂主要是油和脂肪，一般把常温下是液体的称作油，而把常温下是固体的称作脂肪。脂肪所含的化学元素主要是 C、H、O，部分还含有 N、P 等元素。

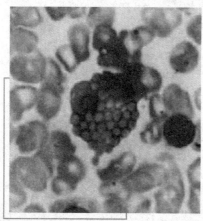

脂肪的结构

脂肪是由甘油和脂肪酸组成的三酰甘油酯，其中甘油的分子比较简单，而脂肪酸的种类和长短却不相同。因此脂肪的性质和特点主要取决于脂肪酸，不同食物中的脂肪所含有的脂肪酸种类和含量不一样。自然界有 40 多种脂肪酸，因此可形成多种脂肪酸甘油三酯。脂肪酸一般由 4~24 个碳原子组成。脂肪酸分 3 大类：饱和脂肪酸、单不饱和脂肪酸、多不饱和脂肪酸。脂肪在多数有机溶剂中溶解，但不溶解于水。

◎ 脂类的分类

（1）中性脂肪：即甘油三酯，是猪油、花生油、豆油、菜籽油、芝麻油的主要成分。

（2）类脂包括：①磷脂：卵磷脂、脑磷脂、肌醇磷脂。②糖脂：脑苷脂类、神经节苷脂。③脂蛋白：乳糜微粒、极低密度脂蛋白、低密度脂蛋白、高密度脂蛋白。④类固醇：胆固醇、麦角固醇、皮质甾醇、胆酸、

深海鱼中的 Ω－3 脂肪酸可以降低甘油三酯浓度

维生素 D、雄激素、雌激素、孕激素。

在自然界中，最丰富的是混合的甘油三酯，在食物中占脂肪的 98%，在身体中占 28% 以上。所有的细胞都含有磷脂，它是细胞膜和血液中的结构物，在脑、神经、肝中含量特别高，卵磷脂是膳食和体内最丰富的磷脂之一。4 种脂蛋白是血液中脂类的主要运输工具。

知识小链接

卵磷脂

卵磷脂属于一种混合物，是存在于动植物组织以及卵黄之中的一组黄褐色的油脂性物质，其构成成分包括磷酸、胆碱、脂肪酸、甘油、糖脂、甘油三酸酯以及磷脂。

卵磷脂被誉为与蛋白质、维生素并列的"第三营养素"。卵磷脂有时还是纯磷脂酰胆碱的同义词。磷脂和蛋白质是构成细胞膜的最主要成分，磷脂研究在生命科学和脑科学领域已经取得了显著的成效。

脂类物质都有哪些

生物体内的各种脂质，按其组成可分为：

◎ 单纯脂质

三酰甘油也称甘油三酯或笼统地称为脂肪，是一元高级脂肪酸与甘油（丙三醇）形成的酯类化合物。三酰甘油中的 3 个脂肪酸可以是相同的；但天然脂肪中，大多数的脂肪酸是不同的，故称为混合酸甘油酯。植物油和动物脂都是脂肪。大多数植物油如豆油、花生油等脂肪中不饱和脂肪酸含量超过 70%，具有较低的凝固点或熔点，在常温时为液态，故统称为油。动物油脂如猪油、羊油中，不饱和脂肪酸含量低，凝固点比较高，在常温下呈固态，一般称为脂。脂肪中的重要脂肪酸主要是十六碳和十八碳的饱或不饱和脂肪酸。油脂含不饱和脂肪酸的多少，一般可以用碘值、饱和度、油酸、亚油酸的数值来表示。不同种类的油脂所含的脂肪酸是不相同的。至于同一种的油脂由于动物或植物的品种不同或生长等情况不同也有差别。因此，下表中所列的数值并不是常数。

天然油脂成分的主要指标

种类	碘值	饱和度/%	油酸/%	亚油酸/%
豆油	135.8	14	22.9	55.2
猪油	66.5	37.7	49.4	12.3
花生油	93	17.7	56.5	25.8
棉籽油	105.8	26.7	25.7	47.5
玉米油	126.8	8.8	35.5	55.7
可可油	36.6	60.1	37	2.9
向日葵油	144.3	5.7	21.7	72.6

◎复合脂质

（1）磷酸甘油酯又称甘油磷脂，是广泛存在于动物、植物和微生物中的一类含磷酸的复合脂质。磷酸甘油酯是细胞膜结构的重要组成部分之一，在动物的脑、心、肾、肝、骨髓、卵以及植物的种子和果实中含量较为丰富。

知识小链接

复合脂质

复合脂质指除了脂肪酸和醇组成的脂外，分子中还含有其他非脂成分（如磷酸、含氮碱、糖等）的脂类，如磷脂和糖脂。

各种磷酸甘油酯的差别就在于其极性头的大小、形状和电荷差异。它们的这种两性脂质分子在构成生物膜结构中具有重要的作用。每一种磷酸甘油酯并非只有一种，由于分子内脂肪酸的种类不同，会形成许多不同类型的磷酸甘油酯。

磷脂酰肌醇是真核生物细胞中的另一类重要的磷脂酰化合物。磷脂酰肌醇主要分布在细胞质膜内侧，其总量约占膜磷脂总量的 10%。如果将磷脂酰肌醇类化合物通过相应的磷酸酯酶（或磷酯酶）水解，并且肌醇环上带有的 5 个自由羟基被磷酸化，水解后则形成多种胞内信号物质。

广角镜

磷　酸

磷酸或正磷酸（H_3PO_4）是一种常见的无机酸，是中强酸，由五氧化二磷溶于热水中即可得到。正磷酸工业上用硫酸处理磷灰石即得。磷酸在空气中容易潮解。加热会失水得到焦磷酸，再进一步失水得到偏磷酸。磷酸主要用于制药、食品、肥料等工业，也可以用作化学试剂。

（2）鞘磷脂或神经鞘磷脂是鞘脂质的一种典型的复合脂质，它是高等动物组织中含量最丰富的鞘脂质。鞘磷脂经水解可以得到磷酸、胆碱、鞘氨醇、二氢鞘氨醇及脂肪酸。鞘氨醇是鞘磷脂的主链骨架，是含有 2 个羟基的 18 个碳胺类。鞘磷脂的主链也有几种，如哺乳动物的鞘脂质以鞘氨醇和二氢鞘氨醇为主要成分。

已发现的鞘氨醇类有几十种，它们的碳原子和羟基数目均有变化。鞘氨醇的氨基与长链脂肪酸的羧基形成一个具有 2 个非极性尾部的化合物，称为神经酰胺。在神经酰胺分子中，鞘氨醇第一个碳原子上的羟基进一步与磷酰胆碱或磷酰乙醇胺形成磷酸二酯，这种磷脂化合物称为（神经）鞘磷脂。鞘磷脂有 2 条长的碳氢链，一条是由鞘氨醇组成的碳氢链；另一条为连接在氨基上的脂肪酸，如棕榈酸、掏焦油酸和神经酸等。虽然鞘磷脂在结构上类似于磷酸甘油酯，但差异是鞘磷脂上的脂肪酸是连接在鞘氨醇的氨基上。

知识小链接

鞘磷脂

鞘磷脂存在于大多数哺乳动物细胞的质膜内，是髓鞘的主要成分。高等动物组织中含量较丰富。鞘磷脂结构与甘油磷脂相似，因此性质与甘油磷脂基本相同。

◎ 其他脂质

（1）萜类是异戊二烯的衍生物。根据异戊二烯的数目，可将萜类化合物分为单萜、倍半萜、二萜、三萜和四萜等。萜类呈线状，有的是环状，或两者兼有。相连的异戊二烯有头尾相连，也有尾尾相连。属于直链萜类的视黄醛存在于动物的细胞膜上，它是脊椎动物视网膜上发现的一种维生素 A 的衍生物。在高等植物叶片中存在着一种二萜化合物——叶绿醇，它是叶绿素的组成成分。胡萝卜素是四萜化合物，也大量存在于植物的各个器官内。此外还有多聚萜类，如天然橡胶等。维生素 A、维生素 E、维生素 K 等都属于萜类。

基本小知识

衍生物

衍生物指母体化合物分子中的原子或原子团被其他原子或原子团取代所形成的化合物，称为该母体化合物的衍生物。衍生物命名时，一般以原母体化合物为主体，以其他基团为取代基。

（2）类固醇是基于萜类脂质特性的另一类脂质化合物，主要存在于真核细胞内，对细胞生理功能起着重要的作用。类固醇的基本结构是由 3 个六元环和 1 个五元环融合而成的。类固醇是以环戊烷多氢菲为核心结构的一类衍生物。许多类固醇化合物在 10 和 13 位上含有甲基，在 3 位上含有羟基，在 17 位上含有 8～10 碳烷烃链。类固醇化合物广泛分布于真核生物中，有游离固醇、固醇酯两种形式。动物中的固醇以胆固醇为代表，植物中的固醇以麦角固醇为代表。

类固醇

　　类固醇是广泛分布于生物界的一大类环戊稠全氢化菲衍生物的总称，又称类甾醇、甾族化合物。类固醇包括固醇（如胆固醇、羊毛固醇、谷甾醇、豆甾醇、麦角甾醇）、胆汁酸和胆汁醇、类固醇激素（如肾上腺皮质激素、雄激素、雌激素）、昆虫的蜕皮激素等。此外还有人工合成的类固醇药物，如抗炎剂（氢化泼尼松、地塞米松）、促进蛋白质合成的类固醇药物和口服避孕药等。类固醇化合物不含结合的脂肪酸，是非皂化性脂质。这类化合物属于类异戊二烯物质，是由三萜环化再经分子内部重组和化学修饰而生成的。

　　（3）胆固醇是类固醇中最主要的一类固醇类化合物，存在于动物细胞膜及少数微生物中。胆固醇在神经组织中含量较多，在血液、胆汁、肝、肾及皮肤组织中也含有相当多的这类物质。生物体内的胆固醇有以游离形式存在的，也有与脂肪酸结合而以胆固醇酯的形式存在的。胆固醇与长链脂肪酸形成的胆固醇酯是血浆蛋白及细胞外膜的重要组成部分。胆固醇分子的一端有一极性头部基团羟基而呈现亲水性，分子的另一端具有烃链及固醇的环状结构而表现为疏水性。因此，胆固醇与磷脂质化合物相似，也属于两性分子。

　　（4）麦角固醇主要存在于植物中，是酵母及菌类的主要固醇。麦角固醇最初是从麦角中分离出来的，因此而得名，属于霉菌固醇类；也可以从某些酵母中大量提取。虽然与动物胆固醇在结构上具有相似性，但植物胆固醇不会像动物胆固醇一样被人和动物有效地吸收，相反，被摄入的植物胆固醇可以抑制对动物胆固醇的吸收。

知识小链接

麦角固醇

　　麦角固醇是一种重要的医药化学原料，可用于"考的松"和"激素黄体酮"等药物和农药的使用，同时麦角固醇又是维生素D_2的主要生产原料。麦角固醇不溶于水，易溶于甲醇、乙醇、石油醚、庚烷等有机溶剂。

脂肪的生物功能

　　脂类是指一类在化学组成和结构上有很大差异，但都有一个共同特性，即不溶于水而易溶于乙醚、氯仿等非极性溶剂中的物质。通常脂类可按不同组成分为单纯脂、复合脂、萜类和类固醇及其衍生物、衍生脂类及结合脂类。

　　脂类物质具有重要的生物功能。脂肪是生物体的能量提供者。

　　脂肪也是组成生物体的重要成分，如磷脂是构成生物膜的重要组成部分，油脂是机体代谢所需燃料的贮存和运输形式。脂类物质也可以为动物机体提供溶解于其中的必需的脂肪酸和脂溶性维生素。某些萜类及类固醇类物质如维生素 A、维生素 D、维生素 E、维生素 K、胆酸及固醇类激素具有营养、代谢及调节功能。有机体表面的脂类物质有防止机械损伤、防止热量散发等保护作用。脂类作为细胞的表面物质，与细胞识别、种特异性和组织免疫等有密切关系。概括起来，脂肪有以下几方面的生理功能：

　　（1）生物体内储存能量的物质，并供给能量。1 克脂肪在体内分解成二氧化碳和水并产生 38 千焦（9 千卡）能量，比 1 克蛋白质或 1 克碳水化合物高 1 倍多。

　　（2）构成一些重要生理物质，脂肪是生命的物质基础。它是人体内的三大组成部分（蛋白质、脂肪、碳水化合物）之一。磷脂、糖脂和胆固醇构成细胞膜的类脂层，胆固醇又是合成胆汁酸、维生素 D_3 和类固醇激素的原料。

　　（3）维持体温和保护内脏、缓冲外界压力。皮下脂肪可以防止体温过多向外散失，减少身体热量散失，维持体温恒定；也可以阻止外界热能传导到体内，有维持正常体温的作用。内脏器官周围的脂肪垫有缓冲外力冲击，保护内脏的作用；还可以减少内部器官之间的摩擦。

　　（4）提供必需的脂肪酸。

　　（5）脂溶性维生素的重要来源。鱼肝油和奶油富含维生素 A、维生素 D，许多植物油富含维生素 E。脂肪还能促进这些脂溶性维生素的吸收。

　　（6）增加饱腹感。脂肪在胃肠道内停留时间较长，所以有增加饱腹感的作用。

◎ 脂肪的生物降解

在脂肪酶的作用下，脂肪水解成甘油和脂肪酸。甘油经磷酸化和脱氢反应，转变成磷酸二羟丙酮，纳入糖代谢途径。

人体代谢最终是通过生成脂肪酶的方式，将脂肪生物降解为代谢废物排出。可以直接生物合成脂肪酶，但是化学合成的脂肪酶大部分没有办法被人体直接吸收。现在可以通过天然植物方式例如多种植物的提炼物可以生成被人体吸收利用的脂肪酶从而代谢脂肪，让身体多余的脂肪健康地代谢消耗掉。

◎ 脂肪的生物合成

脂肪的生物合成包括 3 个方面：饱和脂肪酸的从头合成，脂肪酸碳链的延长和不饱和脂肪酸的生成。脂肪酸从头合成的场所是细胞液，需要 CO_2 和柠檬酸的参与。首先，乙酰 CoA 在乙酰 CoA 羧化酶催化下生成，然后在脂肪酸合成酶系的催化下，以 ACP 作酰基载体，乙酰 CoA 为 C_2 受体，丙二酸单酰 CoA 为 C_2 供体，经过缩合、还原、脱水、再还

肉类中含有丰富的脂肪

原几个反应步骤，先生成含 4 个碳原子的丁酰 ACP，每次延伸循环消耗 1 分子丙二酸单酰 CoA、2 分子 NADPH，直至生成软脂酰 ACP。产物再活化成软脂酰 CoA，参与脂肪合成或在微粒体系统或线粒体系统延长成 C_{18}、C_{20} 和少量碳链更长的脂肪酸。在真核细胞内，饱和脂肪酸在 O_2 的参与和专一的去饱和酶系统催化下，进一步生成各种不饱和脂肪酸。高等动物不能合成亚油酸、亚麻酸、花生四烯酸，必须依赖食物供给。

3 - 磷酸甘油与 2 分子脂酰 CoA 在磷酸甘油转酰酶作用下生成磷脂酸，在经磷酸酶催化变成二酰甘油，最后经二酰甘油转酰酶催化生成脂肪。

人体化学反应中的脂肪

◎ 脂肪营养价值的评定

（1）脂肪的供给量。脂肪无供给量标准，不同地区由于经济发展水平和饮食习惯的差异，脂肪的实际摄入量有很大差异。我国营养学会建议膳食脂肪供给量不宜超过总能量的30%，其中饱和、单不饱和、多不饱和脂肪酸的比例应为1∶1∶1。亚油酸提供的能量能达到总能量的1%~2%，即可满足人体对必需脂肪酸的需要。

（2）营养学上根据以下3项指标评价一种脂肪的营养价值：①消化率。一种脂肪的消化率与它的熔点有关，含不饱和脂肪酸越多熔点越低，越容易消化。因此，植物油的消化率一般可达到100%。动物脂肪，如牛油、羊油，含饱和脂肪酸多，熔点都在40℃以上，消化率较低，为80%~90%。②必需脂肪酸含量。植物油中亚油酸和亚麻酸含量比较高，营养价值比动物脂肪高。③脂溶性维生素含量。动物的贮存脂肪几乎不含维生素，但肝脏富含维生素A和维生素D，奶和蛋类的脂肪也富含维生素A和维生素D。植物油富含维生素E。这些脂溶性维生素是维持人体健康所必需的。

基本小知识

脂溶性维生素

脂溶性维生素（lipid soluble vitamin）是由长的碳氢链或稠环组成的聚戊二烯化合物。脂溶性维生素包括维生素A、维生素D、维生素E和维生素K，它们都含有环结构和长的、脂肪族烃链，这四种维生素尽管每一种都至少有一个极性基团，但都是高度疏水的。某些脂溶性维生素并不是辅酶的前体，而且不用进行化学修饰就可以被生物体利用。这类维生素能被动物贮存。

◎ 脂肪在人体化学反应中生成的疾病

（1）脂肪肝是肝脏内的脂肪含量超过肝脏重量（湿重）的5%。近年来，脂肪肝发病率有不断上升的趋势，已成为一种临床常见病。

脂肪肝的发病机制复杂，各种致病因素可通过影响以下一个或多个环节导致肝细胞甘油三酯的积聚，从而形成脂肪肝：①由于高脂肪饮食、高脂血症以及外周脂肪组织分解增加，导致游离脂肪酸输送入肝细胞增多。②线粒体功能障碍，导致肝细胞消耗游离脂肪酸的氧化磷酸化以及 b 氧化减少。③肝细胞合成甘油三酯能力增强，或从碳水化合物转化为甘油三酯增多，或肝细胞从肝窦乳糜微粒、残核内直接摄取甘油三酯增多。④极低密度脂蛋白合成及分泌减少导致甘油三酯运转出肝细胞发生障碍。

当进入肝细胞的甘油三酯总量超过消耗和运转的甘油三酯时，甘油三酯便在肝脏积聚形成脂肪肝。

知识小链接

肝细胞

肝脏是由肝细胞组成的。肝细胞极小，肉眼看不到，必须通过显微镜才能看到。人肝约有25亿个肝细胞，5000个肝细胞组成一个肝小叶，因此人肝的肝小叶总数约有50万个。肝细胞为多角形，有6~8个面，不同的生理条件下大小有差异，如饥饿时肝细胞体积变大。每个肝细胞表面可分为窦状隙面、肝细胞面和胆小管面。肝细胞里面含有许许多多复杂的细微结构。

（2）胆固醇升高——高血脂。胆固醇是一种不含有脂肪酸的脂质。同时，胆固醇还是合成许多重要物质的原料，是人体不可缺少的一种营养物质。虽然我们的身体需要有一定量的胆固醇来维持正常机能，但摄入过量含高胆固醇的食物会使血清中胆固醇的含量升高，结果导致心血管疾病，危害身体健康。

机体组织对胆固醇的需要是与脂蛋白的结合及运输联系在一起的。输送胆固醇的脂蛋白有两种，即低密度脂蛋白（LDL）和高密度脂蛋白（HDL）。

低密度脂蛋白－胆固醇（LDL－胆固醇）被认为是动脉粥样硬化胆固醇，因为这种脂蛋白能使胆固醇向血管壁内转移，并使它们沉积在血管内壁中，促使动脉粥样硬化的形成，造成血管闭塞。因此，人们认为这些胆固醇是"坏"的胆固醇。相反，机体内高密度脂蛋白－胆固醇因能清除血管内的胆固醇，所以被认为是"好"的或"良性"的胆固醇。

从预防冠心病发生的角度来看，体内理想的低密度脂蛋白－胆固醇水平应保持在3毫摩尔／升以下，低密度脂蛋白－胆固醇水平超过4毫摩尔／升，即属于高危水平。

控制高胆固醇的方法是多运动，少吃高脂的食物，戒烟，定期检查身体，保持理想体重。所以高胆固醇血症的患者，应该提倡低胆固醇饮食。但过分忌食含胆固醇的食物，易造成贫血，并降低人体的抵抗力，对身体反而不利。

脂肪的功用

脂肪，我们耳熟能详却又不甚了解的一种物质。说不清从什么时候开始，它的"社会形象"开始变得负面起来，一听到"脂肪"这个词，人们马上联想到臃肿的身材、不健康的饮食、某些慢性疾病的幕后黑手。脂肪果真如此糟糕吗？它和人们避之不及的肥胖到底有什么关系？

脂肪，俗称油脂，由碳、氢和氧元素组成。它既是人体组织的重要构成部分，又是提供热量的主要物质之一。食物中的脂肪在肠胃中消化，吸收后大部分又再度转变为脂肪。它主要分布在人体皮下组织、大网膜、肠系膜和肾脏周围等处。体内脂肪的含量常随营养状况、能量消耗等因素而变动。

◎脂肪：生命运转的必需品

过多的脂肪确实可以让我们行动不便，而且血液中过高的血脂，很可能是诱发高血压和心脏病的主要因素。不过，脂肪实际上对生命极其重要，它的功能众多，几乎不可能一一列举。要知道，正是脂肪这样的物质在远古海洋中化分出界限，使细胞有了存在的基础，依赖于脂类物质构成的细胞膜，将细胞与它周围的环境分隔，使生命得以从原始的浓汤中脱颖而出，获得了向更加复杂的形式演化的可能。因此毫不夸张地说，没有脂肪这样的物质存在，就没有生命可言。

知识小链接

血　脂

　　血脂是血浆中的中性脂肪（甘油三酯和胆固醇）和类脂（磷脂、糖脂、固醇、类固醇）的总称，广泛存在于人体中。它们是生命细胞基础代谢的必需物质。一般说来，血脂中的主要成分是甘油三酯和胆固醇，其中甘油三酯参与人体内能量的代谢，而胆固醇则主要用于合成细胞浆膜、类固醇激素和胆汁酸。

　　研究发现，脂肪是由脂肪酸和甘油结合而成。因此，可以把脂肪看作机体储存脂肪酸的一种形式。从营养学的角度看，某些脂肪酸对我们的大脑、免疫系统乃至生殖系统的正常运作来说十分重要，但它们都是人体自身不能合成的，我们必须从膳食中摄取。现在的研究还认为，大量摄入这些被称为多不饱和脂肪酸的分子，有助于健康和长寿。同时一些非常重要的维生素需要膳食中脂肪的帮助我们才能吸收，如维生素 A、维生素 D、维生素 E、维生素 K 等。

基本小知识

免疫系统

　　人体内有一个免疫系统，它是人体抵御病原菌侵犯的最重要的保卫系统。这个系统由免疫器官（骨髓、胸腺、脾脏、淋巴结、扁桃体、小肠集合淋巴结、阑尾、胸腺等）、免疫细胞（淋巴细胞、单核吞噬细胞、中性粒细胞、嗜碱粒细胞、嗜酸粒细胞、肥大细胞、血小板），以及免疫分子（补体、免疫球蛋白、干扰素、白细胞介素、肿瘤坏死因子等细胞因子）组成。免疫系统分为固有免疫和适应免疫，其中适应免疫又分为体液免疫和细胞免疫。

脂肪将能量以脂肪细胞的形式储存起来

另外，由于脂肪不溶于水，这就允许细胞在储备脂肪的时候，不需同时储存大量的水，相同重量的脂肪比糖分解时释放的能量多得多。这就意味着，储存脂肪比储存糖划算。如果在保持总储量不变的情况下，将我们的脂肪换成糖，那么体重很可能会翻番，这取决于你的肥胖程度。我们的脊椎动物祖先，显然看中了脂肪作为超高能燃料的巨大好处，为此进化出独特的脂肪细胞以及由此而来的脂肪组织，也埋下了今日我们肥胖的祸根。

◎ 脂肪仓库藏在哪

人们早就知道，成年人体重的增加源于脂肪增多。美国科学家研究发现，肥胖症患者的脂肪细胞数量是普通人的 10 倍，达到 2500 亿个之多，并且体积也要大 4 倍。

人在不同时期，储存脂肪的方式也有所不同：年少时，我们优先增加脂肪细胞的数量；成年后，则先把已有的脂肪细胞装满。如果这类细胞的数量过多，显然很难保持苗条。而吸脂手术后体重的迅速反弹，似乎在暗示，我们的身体能记住脂肪细胞的数量。

1953 年，美国生理学家提出体重调定点假说。如同体温一样——寒冷时颤抖，太阳下流汗，是为了维持住恒定的体温——当身体发觉体重低于预定值时，就可能通过升高食欲，使人厌倦运动等手段，促使体重尽快恢复到正常状态。

与此同时，科学家革新了测定人体每日基础能量消耗的方法。基础能量消耗，是维持生存必需的开销，对于缺乏锻炼的人而言，这个消耗就在总花费中占去了大半。即便每日摄入的食物总量不变，只需基础消耗长期轻微升高或者降低一点，体重就可能发生惊人的变化。这一新方法，给体重调定点假说提供了一定的支持。研究发现体重相同的人，每日的基础能量消耗可以大不一样。

身体总是希望回到它自己的平衡点。当然体重恒定点与体温不一样，它的高低受许多因素的影响，如家族背景、儿童时期的营养状况、体育锻炼、年龄等。毫无疑问，对一些人而言，这个体重的恒定点是偏高了。但目前我们根本没有既有效又安全的方法去调节体重的恒定点。

◎ 瘦素、细菌可抑制脂肪过剩

身体又是如何得知体重变化呢？实际上，我们的脂肪组织会向大脑通报储脂情况。如果储存过多，它们会大量释放一种被称为瘦素的激素，知会大脑节制食欲，或许还会激发你运动的兴趣，反之它们则默不作声。

知识小链接

瘦 素

瘦素是人体分泌的一种肽类激素，是一种由脂肪组织分泌的激素。有人认为它进入血液循环后会参与糖、脂肪及能量代谢的调节，促使机体减少摄食，增加能量释放，抑制脂肪细胞的合成，进而使体重减轻。

据最新研究显示，体重似乎还和肠胃中的细菌有关。科学研究发现，体内无菌的实验鼠虽然食量比它的孪生同胞大 29%，但体内脂肪却少了 42% 之多，同时其基础代谢率还低 27%。当把这些可怜的苗条鼠从无菌环境中放回正常环境后，它们的体重在 2 星期的时间里恢复到和同胞们一致，食量也随之减少。它也证实了我们长期以来的猜测，肠胃中的细菌能促进食物的消化吸收。随后又发现，在人们减肥的过程中，胃肠中拟杆菌的数量明显增加，而这和普通人的情况一致。

不过，对拟杆菌的进一步研究却让人迷惑，这是一种拥有非凡消化能力的细菌，它能够把多种我们自己无法消化的食物转变为可以吸收利用的形式。让人更意外的是，它还能抑制一种促进脂肪消耗的蛋白质，从而间接帮助身体积蓄脂肪。

目前的研究告诉我们，脂肪量的变动很可能没有一个普遍性的原因。或许，那些单因素所导致的体重异常，都已经被我们发现了。比如：瘦素缺乏，或者由于肾上腺分泌了过多的糖皮质激素……

要透彻地理解发胖的原因，也许还必须求助于进化论，了解我们祖先的生活方式。我们那些酷爱甜食的基因，早在祖先们还呆在树上的时候就已经进化出来。而非洲草原交替分明的气候，不可大意地度过食物短缺旱季的这些曾经帮助祖宗的基因，在这个高脂肪的时代，成为长胖最本质的根源。

人体中的蛋白质

"高蛋白"几乎成了高营养的代名词。可是蛋白质在生物学上的重要性倒不在于营养方面，而是因为它是生命功能的执行者。蛋白质是一类含氮的生物高分子，它的基本组成单位是氨基酸。

20 世纪 60 年代初兴起的分子生物学，前期主要是开展对核酸的研究。如今，分子生物学的研究重点已在逐渐转移到蛋白质上来。因为核酸只是生物体这座大厦的图纸，而真正构筑起大厦并行使着各种功能的主要还是蛋白质。

蛋白质的概述

◎ 蛋白质的类型

蛋白质可以分为 2 大类：①简单蛋白质，它们的分子只由氨基酸组成；②结合蛋白质，由蛋白质部分和非蛋白质部分组成，结构比较复杂。

简单蛋白质包括清蛋白、球蛋白、精蛋白等几类。临床常用的白蛋白、丙种球蛋白等都是简单蛋白质。

结合蛋白质有核蛋白、糖蛋白、脂蛋白、色蛋白等。许多种酶、膜蛋白等多种蛋白质均是结合蛋白质。细胞中的核糖体也是一种核蛋白。

知识小链接

核糖体

核糖体（Ribosome）是细胞器的一种，为椭球形的粒状小体。核糖体除存在于哺乳类动物成熟的红细胞外，一切活细胞（真核细胞、原核细胞）中均有，它是进行蛋白质合成的重要细胞器，在快速增殖、分泌功能旺盛的细胞中尤其多。

◎ 蛋白质的元素组成

根据蛋白质的元素分析，发现它们的元素组成与糖和脂质不同，除含有碳、氢、氧外，还有氮和少量的硫。有些蛋白质还含有其他一些元素，主要包括磷、铁、铜、碘、锌和钼等。这些元素在蛋白质中的组成百分比见下表。

蛋白质中主要元素的百分比

元素种类	百分比	元素种类	百分比
碳	50%	氧	23%
氮	16%	氢	7%
硫	0~3%	其他	微量

➡ 蛋白质的生物学功能

蛋白质具有各种重要的功能。

（1）构造人的身体。蛋白质是一切生命的物质基础，是肌体细胞的重要组成部分，是人体组织更新和修补的主要原料。人体的每一种组织——毛发、皮肤、肌肉、骨骼、内脏、大脑、血液、神经、内分泌等系统都是由蛋白质组成的，所以说饮食造就人本身。蛋白质对人的生长发育非常重要。

比如大脑发育的特点是一次性完成细胞增殖，人的大脑细胞的增长有两个高峰期。第一个是胎儿3个月的时候；第二个是出生后到1岁，特别是0~6个月的婴儿是大脑细胞猛烈增长的时期。到1岁大脑细胞增殖基本完成，其数量已达成人的9/10。所以0~1岁儿童对蛋白质的摄入很重要，对儿童的智力发展也尤为重要。

（2）修补人体组织。人的身体由百兆亿个细胞组成。细胞可以说是生命的最小单位，它们处于永不停息的衰老、死亡、新生的新陈代谢过程中。例如，年轻人的表皮28天更新一次，而胃黏膜2~3天就要全部更新。所以一个人如果蛋白质的摄入、吸收、利用都很好，那么皮肤就是光泽而又有弹性的。反之，人若经常处于亚健康状态，组织受损后，包括外伤，不能得到及时和高质量的修补，便会加速机体衰退。

（3）维持肌体正常的新陈代谢和各类物质在体内的输送。载体蛋白对维持人体的正常生命活动是至关重要的。蛋白质可以在体内运载各种物质。比如血红蛋白输送氧（红血球更新速率为250万个/秒）、脂蛋白输送脂肪、细胞膜上的受体还可以转运蛋白等。

（4）白蛋白：维持机体内渗透压的平衡及体液平衡。

（5）维持体液的酸碱平衡。

（6）免疫细胞和免疫蛋白，包括白细胞、淋巴细胞、巨噬细胞、抗体（免疫球蛋白）、补体、干扰素等。当蛋白质充足时，这个"部队"就很强。在需要时，数小时内可以增加 100 倍。

（7）构成人体必需的催化和调节功能的各种酶。我们身体中有数千种酶，每一种只能参与一种生化反应。人体细胞里每分钟要进行 100 多次生化反应。酶有促进食物的消化、吸收、利用的作用。相应的酶充足，反应就会顺利、快捷地进行，我们就会精力充沛，不易生病。否则，反应就变慢或者被阻断。

（8）激素的主要原料。具有调节体内各器官的生理活性。胰岛素是由 51 个氨基酸分子合成的。生长素是由 191 个氨基酸分子合成的。

（9）构成神经递质乙酰胆碱、五羟色氨等。维持神经系统的正常功能——味觉、视觉和记忆。

（10）胶原蛋白，占身体蛋白质总量的 1/3，生成结缔组织，构成身体骨架，如骨骼、血管、韧带等，决定了皮肤的弹性，保护大脑（在大脑细胞中，很大一部分是胶原细胞，并且形成血脑屏障保护大脑）。

知识小链接

胶原蛋白

胶原蛋白是人体延缓衰老必须补足的营养物质，占人体全身总蛋白质的 30% 以上，一个成年人的身体内约有 3 千克胶原蛋白。它广泛地存在于人体的皮肤、骨骼、肌肉、软骨、关节、头发组织中，起着支撑、修复、保护的三重抗衰老作用。

◎ 食物中的蛋白质

含蛋白质多的食物包括牲畜的奶，如牛奶、羊奶、马奶等；畜肉，如牛、羊、猪、狗肉等；禽肉，如鸡、鸭、鹅、鹌鹑、鸵鸟等；蛋类，如鸡蛋、鸭蛋、鹌鹑蛋等；鱼、虾、蟹等；还有大豆类，包括黄豆、大青豆和黑豆等，其中以黄豆的营养价值最高，它是婴幼儿食品中优质的蛋白质来源；此外像芝麻、瓜子、核桃、杏仁、松子等干果类的蛋白质的含量均较高。由于各种食物中氨基酸的含量、所含氨基酸的种类各异，且其他营养素（脂肪、糖、矿物质、维生素等）含量也不相同，因此，给婴儿添加辅食时，以上食品都是可供选择的，还可以根据当地的特产，因地制宜地为婴儿提供蛋白质高的食物。

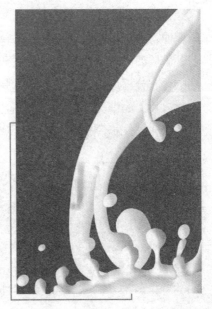

奶

　　蛋白质食品价格均较昂贵，家长可以利用几种食物混合在一起，以便提高蛋白质在身体里的利用率。例如，单纯食用玉米的生物价值为 60%、小麦为 67%、黄豆为 64%；若把这 3 种食物按比例混合后食用，则蛋白质的利用率可达 77%。

▶ 人体化学反应中的蛋白质

◎ 蛋白质与生命

　　蛋白质是生命活动的重要物质基础，被誉为"生命的基础"。有生命的地方，就有蛋白质。恩格斯曾深刻论述了蛋白质与生命现象之间不可分割的关系。他说："生命是蛋白质的存在方式"，"无论是什么地方，只要我们遇到生命，我们就会发现生命是和某种蛋白质相联系的，而且无论在什么地方，只要我们遇到不处于解体过程中的蛋白质，我们也无例外地发现生命现象。"

既然蛋白质与生命现象之间有着如此密切的联系，那么，只要深入研究蛋白质，就可以回答：生命，究竟是怎么回事？胰岛素，正是被人们选择作为突破口的一种蛋白质。原来，在人和动物的胰脏里，存在着一种小岛似的细胞，它分泌出一种激素，即为胰岛素。这种激素很重要，它能促进体内碳水化合物，如糖类、淀粉等的新陈代谢，并控制血液里糖的含量。人体内如果缺少胰岛素，就会得糖尿病。在医学上，胰岛素制剂是治疗糖尿病的特效药。

基本小知识

淀　粉

　　淀粉是葡萄糖的高聚体，在餐饮业又称芡粉。淀粉有直链淀粉和支链淀粉两类。淀粉是植物体中贮存的养分，贮存在种子和块茎中，各类植物中的淀粉含量都较高。

　　要想合成蛋白质就必须要知道蛋白质的结构。胰岛素是人们最先知道分子结构的蛋白质，早在 19 世纪初，人们就已认识到，氨基酸是组成蛋白质的基本单位，蛋白质分子是由许多氨基酸以肽键结合成的长链高分子化合物。英国科学家测出了牛胰岛素中全部氨基酸的排列顺序。

人工合成的蛋白质晶体模型

　　牛胰岛素和人胰岛素的分子结构极为相似，都是由 51 个氨基酸组成的，两者前 50 个氨基酸的成分、顺序都相同，只是最后 1 个氨基酸不同。牛胰岛素的分子是由 2 条分子链组成的：一条叫 A 链，一条叫 B 链。A 链由 21 个氨基酸组成，B 链由 30 个氨基酸组成。两条链之间，由 2 对硫原子连在一起，A 链中还有自己的 1 对硫原子。1 个牛胰岛素分子，总共含有 777 个原子！然而，它却是现在已知蛋白质中最小的一个。

　　世界上首批用人工方法合成的结晶牛胰岛素在中国科学院生化研究所的

科研人员的努力下，诞生了！这点雪白的结晶体，其结晶形状与天然胰岛素相同，生物活力与天然胰岛素相等。随后，我国科学工作者又分别完成了分辨率为 2.5 埃和 1.8 埃的胰岛素晶体立体结构的测定工作。近年来，他们又抽提、结晶了鸡、乌凤蛇和鲢鱼的胰岛素，另外还合成了 29 肽的结晶高血糖素，在合成蛋白质方面取得了一系列新成就。

生命究竟是怎么回事？人们对这个既具体又抽象的问题研究了几千年，也争论了几千年。地球上的原始生命是从哪儿来的？谁也无法回到远古年代的环境中去观察生命发生的具体过程。人工合成蛋白质的成功，为我们在现代实验室里人工模拟当时的环境条件，论证生命出现的可能性和必然性提供了一条可行的途径。

蛋白质的合成、分解及转化也是生命活动的基本特征。蛋白质生物合成的原料是氨基酸，其合成过程十分复杂，几乎涉及细胞内所有种类的 RNA 和几十种蛋白质因子，反应所需的能量由 ATP 和 GTP 提供。蛋白质合成的场所是核糖体内，所以把核糖体称为蛋白质合成的工厂。

◎ mRNA 与遗传密码

经过科学家的试验，发现了除 rRNA 和 tRNA 之外还有第三种 RNA，它起着遗传信息传递的功能，被称为信使 RNA（mRNA）。遗传信息由 DNA 经转录传递给mRNA，然后由 mRNA 翻译成特异的蛋白质。mRNA 的半衰期很短，很不稳定，一旦完成其使命后很快就被水解掉。

不同的 mRNA 的分子大小差别很大，这和以它为模板所合成的蛋白质的分子大小不均有关。原核生物的 mRNA 往往携带 1 种以上蛋白质分子的信息，但大多数真核细胞的 mRNA 只编码 1 条多肽链。

实验证明，蛋白质不是通过复制方式来完成的，而是按照 DNA 分子结构来合成的。没有 DNA，蛋白质的合成就没有了依据，但是如果没有蛋白质，DNA 就无法体现它的遗传功能：虽然 DNA 的遗传可以不要蛋白质外衣而单独行动，但在 DNA 繁殖并建设机体时却必须有蛋白质的参与。有人把 DNA 比作蓝图，蛋白质就是蓝图实现后的产品；或把 DNA 比作模板，蛋白质就是建筑构件。这正形象地说明了蛋白质与 DNA 的关系。例如，鸡蛋里面有蛋清、蛋黄，并没有鸡毛、鸡冠，也没有鸡心、鸡肝，但是有 DNA 分子。DNA 的基因采取"分工负责、协调统一"的方法进行"流水作业"，有的"负责"鸡毛那段，有的"承包"鸡冠那段……"默默地各负其责，分工合作"。然后，蛋白质再按照 DNA 的分子结构来进行"组装"，"依样画葫芦"地长出了鸡毛、鸡冠、鸡心等，成为一只完整的鸡，并且有它父母的性状。

基本小知识

DNA

脱氧核糖核酸又称去氧核糖核酸，是一种分子，可组成遗传指令，以引导生物发育与生命机能运作。它的主要功能是长期性的资讯储存，可比喻为"蓝图"或"食谱"。其中包含的指令是建构细胞内其他的化合物，如蛋白质与 RNA 所需。带有遗传讯息的 DNA 片段称为基因，其他的 DNA 序列，有些直接以自身构造发挥作用，有些则参与调控遗传讯息的表现。

但是，蛋白质究竟是怎样按照 DNA 的分子结构来合成的呢？它又是什么样的物质材料？

研究证明，蛋白质的物质材料是氨基酸。氨基酸有 20 多种，它们的结构像一列长长的火车，每一节车厢就是一种氨基酸，这些车厢首尾相连，就构成了蛋白质这列火车。

蛋白质分子最小的只含有几十个氨基酸，较大的却含有千百个氨基酸。每一种蛋白质的氨基酸都按一定的顺序排列起来，正如每一种 DNA 都具有特定的核苷酸顺序一样。那么，这两种平行的序列是互不相干，还是大有关系呢？

科学家在研究这二者的关系时，通过了一系列的假设推理。他们首先设想：是核苷酸的碱基序列决定了氨基酸序列，因此，在每个位置上，核苷酸都要同氨基酸对应起来。但是，由于核苷酸家族很小，只有 4 种，而氨基酸却有 20 多种，核苷酸人丁稀少，氨基酸却成员众多，二者怎么才能一一地配对，并实现它们的完美结合呢？于是，科学家又提出设想：他们先是假定 2 个核苷核与 1 个氨基酸对应，那么 4 种核苷酸就有 16 种排列方式，但是氨基

酸有20多种，还是有"富余人员"有"单身俱乐部成员"。于是，科学家又假定3个核苷酸与1个氨基酸对应，那就有64种排列方式，便足够同氨基酸对应了。随着科学的发展，科学家们的这一设想后来得到了科学的证实，并已经研究出了每3个核苷酸与相应氨基酸的对应关系。于是，每3个核苷酸愉快地携伴搭乘上一节氨基酸车厢，蛋白质这列火车也就咣啷咣啷地向前开去，充满了生命的活力与节奏。

（1）遗传密码的解读

踏上蛋白质"火车"的氨基酸车厢的成员们，已开始了愉快的旅行。但是，倘若问一问每节车厢中的成员们是怎样组合在一起的，这就不能不让人联想到日常生活中的打电报了。日常通讯中可以利用从"0"到"9"这10个数，每4个数按不同顺序编码，分别代表成千上万个汉字，就可以担负起各式各样的电报内容，完成通讯任务。

广角镜

核苷酸

核苷酸是核糖核酸及脱氧核糖核酸的基本组成单位，是体内合成核酸的前身物。核苷酸随着核酸分布于生物体内各器官、组织、细胞的核及胞质中，并作为核酸的组成成分参与生物的遗传、发育、生长等基本生命活动。生物体内还有相当数量以游离形式存在的核苷酸。三磷酸腺苷在细胞能量代谢中起着主要的作用。体内的能量释放及吸收主要是以产生及消耗三磷酸腺苷来体现的。此外，三磷酸尿苷、三磷酸胞苷及三磷酸鸟苷也是物质合成代谢中能量的来源。腺苷酸还是某些辅酶，如辅酶Ⅰ、Ⅱ及辅酶A等的组成成分。

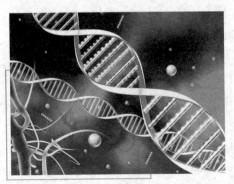

DNA 分子结构图

DNA由4种不同的核苷酸组成，其中3个核苷酸就组成了如同电报中的密码子。若干个密码子又组成1个基因，许多基因连在一起成为DNA，就组成一个庞大的信息群，代表成千上万的遗传信息。4种核苷酸类似打电报的10个数字，密码子就像电报中的汉字，而基因就是电报中的一句话，DNA 就是电报的全文。

现在的问题在于：密码子怎样破译，也就是说，什么样的密码子代表哪一类的氨基酸。1961 年生物化学家破译了一个密码子，在生物界引起一场轰动，此后，人们成功地破译了全部密码表中的 64 个密码子。DNA 分子和双螺旋结构使科学家把 DNA 的多核苷酸链中核苷酸顺序和蛋白质的多肽链中的氨基酸顺序联系起来考察它们之间的关系，得出 3 个核苷酸组成 1 个密码子，DNA 链上每 3 个核苷酸组成的 1 个密码子编码相对应蛋白质多肽链中的 1 种氨基酸。同时，任何氨基酸在进入到多肽链中去之前，必须先装配在一种所谓接受器的小分子 RNA 上，然后接受器带领氨基酸去和蛋白质合成的 RNA 作碱基互补配对，从而使氨基酸按照编码的要求依次合成蛋白质分子。科学家经过实验证明，密码子是以三联形式（即每个密码子-氨基酸由 3 个碱基决定）代表着 20 多种氨基酸，同时还证明了密码子是由一个固定的点开始，顺着一定的方向读下去，被翻译成相应的氨基酸。

苯丙氨酸的密码子是"UUU"，后来又破译了编码赖氨酸的密码子是"AAA"，编码脯氨酸的密码子是 CCC。以后，由于人工合成了一系列的含有 2 种或 3 种不同核苷酸的多聚核苷酸，利用它作为"侦查员"，破译工作就更快了。例如，用多聚核苷酸作为"侦查员"，在体外的蛋白质分子体系中，通过观察多种标记的氨基酸加入到多肽链中去的比例，即可推算出某些密码子的组成。

遗传密码表

第一位碱基	第二位碱基				第三位碱基
	U	C	A	G	
U	苯丙氨酸	丝氨酸	酪氨酸	半胱氨酸	U
	苯丙氨酸	丝氨酸	酪氨酸	半胱氨酸	C
	亮氨酸	丝氨酸	终止码	终止码	A
	亮氨酸	丝氨酸	终止码	色氨酸	G

（续表）

第一位碱基	第二位碱基				第三位碱基
	U	C	A	G	
C	亮氨酸	脯氨酸	组氨酸	精氨酸	U
	亮氨酸	脯氨酸	组氨酸	精氨酸	C
	亮氨酸	脯氨酸	谷氨酰胺	精氨酸	A
	亮氨酸	脯氨酸	谷氨酰胺	精氨酸	G
A	异亮氨酸	苏氨酸	天冬酰胺	丝氨酸	U
	异亮氨酸	苏氨酸	天冬酰胺	丝氨酸	C
	异亮氨酸	苏氨酸	赖氨酸	精氨酸	A
	甲硫氨酸	苏氨酸	赖氨酸	精氨酸	G
G	缬氨酸	丙氨酸	天冬氨酸	甘氨酸	U
	缬氨酸	丙氨酸	天冬氨酸	甘氨酸	C
	缬氨酸	丙氨酸	谷氨酸	甘氨酸	A
	缬氨酸	丙氨酸	谷氨酸	甘氨酸	G

（2）遗传密码的特性

①密码的无标点性。密码的无标点性是指 2 个密码子之间没有任何核苷酸加以隔开。因此要正确阅读密码必须从一个正确的起点开始，按一定的读码框架连续读下去，直至遇到终止密码子为止。

②遗传密码的不重叠性。假设 mRNA 上的核苷酸序列为 ABCDEFGHIJKL……按不重叠读码规则，每 3 个碱基编码 1 个氨基酸，碱基不重复使用，即 ABC 编码第一个氨基酸，DEF 编码第二个氨基酸，GHI 编码第三个氨基酸，依此类推。若按完全重叠规则读码，则为 ABC 编码第一个氨基酸，BCD 编码第二个氨基酸，CDE 编码第三个氨基酸等。

目前已经证明，在绝大多数生物中读码规则是不重叠的。但是在少数大肠杆菌噬菌体的 RNA 基因组中，部分基因的遗传密码是重叠的。

③密码子的简并性。大多数氨基酸都是由几个不同的密码子编码的，如 UCU、UCC、UCA、UCG、AGU 及 AGC 六个密码子都编码丝氨酸，这一现象

称密码子的简并性。编码相同氨基酸的密码子被称为同义密码子。只有色氨酸和甲硫氨酸仅有 1 个密码子。

密码的简并性具有重要的生物学意义。一是可以减少有害的突变。如果每个氨基酸只有 1 个密码子，那么 20 个密码子即可编码 20 种氨基酸，剩下的 44 个密码子都将是无意义的，将会导致肽链合成的终止。这样造成终止突变的可能性会大大提高。而肽链终止的突变常会导致蛋白质的失活。二是即使 DNA 上碱基组成有变化，仍可保持由此 DNA 编码的多肽链上氨基酸序列不变。细菌 DNA 中（G + C）含量变动很大，但是 GC 含量很不相同的细菌却可以编码出相同的多肽，所以密码简并性在物种的稳定上起一定作用。

④密码子的第三个碱基的专一性较第一、二个碱基低。密码的简并性往往只涉及第三位碱基，如丙氨酸有 4 组密码子：GCU、GCC、GCA 和 GCG，它们的前 2 位碱基都相同，均为 GC，只是第三位不同。已经证明，密码子的专一性主要取决于前两位碱基，第三位碱基的重要性不大。例如，丙氨酸是由三联体 GCU、GCC、GCA 和 GCG 来编码的，头两个碱基 GC 是所有丙氨酸密码子共用的，而第三个可以是任何碱基。

知识小链接

碱　基

碱基是核酸、核苷、核甘酸的成分。在脱氧核糖核酸和核糖核酸中，起配对作用的部分是含氮碱基。碱基通过共价键与核糖或脱氧核糖的 1 位碳原子相连而形成的化合物叫核苷。

---

⑤起始密码子和终止密码子。64 个密码子中，有 1 个密码子 AUG 既是甲硫氨酸的密码子，又是肽链合成的起始密码子。另外 3 个密码子 UAG、UAA 和 UGA 不编码任何氨基酸，而是多肽合成终止密码子。这 3 个密码子不能被 tRNA 阅读，只能被肽链释放因子识别。

广角镜

精氨酸

精氨酸是一种 α 氨基酸，它是 20 种普遍的自然氨基酸之一。在哺乳动物，精氨酸被分类为半必要或条件性必要的氨基酸，视乎生物的发育阶段及健康状况而定。它是一种复杂的氨基酸，在蛋白质和酶的反应点可以发现它。在幼儿生长期，精氨酸是一种必需氨基酸。

⑥遗传密码的基本通用性。多年来，遗传密码被认为是通用的，即各种高等和低等的生物（包括病毒、细菌及真核生物等）共用同一套遗传密码。后来的研究发现，线粒体 mRNA 中，一些密码子有不同的含义，如哺乳动物的线粒体中，UGA 不再是终止密码子，而编码色氨酸，AGA、AGG 为终止密码，而不编码精氨酸。另外，某些生物细胞基因组密码也有一定的变异，如原核生物的支原体中，UGA 也被用于编码色氨酸。因此标准的遗传密码尽管被广泛采用，但并非绝对通用。

知识小链接

色氨酸

色氨酸为白色或微黄色结晶或结晶性粉末；无臭，味微苦。水中微溶，在乙醇中极微溶解，在甲酸中易溶，在氢氧化钠试液或稀盐酸中溶解。色氨酸是植物体内生长素生物合成重要的前体物质，在高等植物中普遍存在。

◎ tRNA

在蛋白质合成中，氨基酸本身不能识别 mRNA 上的密码子，它需要由特异的 tRNA 分子携带到核糖体上，并由 tRNA 去识别在 mRNA 上的密码子。因此，tRNA 是多肽链和 mRNA 之间的接合器。

tRNA 含有 2 个关键的部位，一个是氨基酸结合部位，tRNA 分子的 3′末端的碱基顺序是—CCA，"活化"的氨基酸的羧基与 tRNA 中 3′末端腺苷的核糖 3′—OH 连接，形成氨酰—tRNA，这一过程由特异的氨酰—tRNA 合成酶催

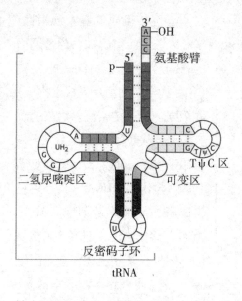

3'
ACC—OH
5'
氨基酸臂
p

UH₂

二氢尿嘧啶区

TψC区

可变区

反密码子环

tRNA

化完成，由 ATP 提供氨基酸活化所需要的能量。大多数氨基酸都有几种 tRNA 作为运载工具，这些携带相同氨基酸而反密码子不同的一组 tRNA 称为同功受体 tRNA。

tRNA 分子中的另一个关键部位是与 mRNA 的结合部位，这一部位位于tRNA的反密码子环上，由 3 个特定的碱基组成，称为反密码子。反密码子按碱基配对原则，反向识别 mRNA 链上的密码子。氨基酸与 tRNA形成氨酰 tRNA，进一步的去向就由 tRNA 决定。tRNA 凭借自身的反密码子与mRNA分子上的密码子相识别而把所带的氨基酸送到肽链的一定位置上。通过实验可以证明：将放射性同位素标记的半胱氨酸在半胱氨酰—tRNA合成酶催化下，与 tRNA 形成半胱氨酰—tRNA。然后，用活性镍作催化剂，使半胱氨酸转变成丙氨酸，形成丙氨酰—tRNA^{cys}。最后将它放到网织红细胞无细胞体系中进行蛋白质合成。分析发现丙氨酸插入了本应由半胱氨酸所占的位置。

基本小知识

催化剂

在化学反应里能改变其他物质的化学反应速率（既能提高也能降低），而本身的质量和化学性质在化学反应前后都没有发生改变的物质叫催化剂（也叫触媒）。催化剂自身的组成、化学性质和质量在反应前后不发生变化；它和反应体系的关系就像锁与钥匙的关系一样，具有高度的选择性（或专一性）。一种催化剂并非对所有的化学反应都有催化作用，例如二氧化锰在氯酸钾受热分解中起催化作用，能加快化学反应速率，但对其他的化学反应就不一定有催化作用。某些化学反应并非只有唯一的催化剂，例如氯酸钾受热分解中能起催化作用的还有氧化镁、氧化铁和氧化铜等。

◎ 核糖体

（1）核糖体的结构。核糖体是一个巨大的核糖核蛋白体。原核细胞核糖体能解离成 1 个大亚基和 1 个小亚基；真核细胞核糖体比原核细胞的更大更复杂，它也能解离成 1 个大亚基和 1 个小亚基。

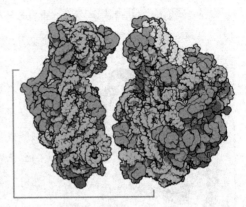

核糖体

在原核和真核细胞蛋白质合成时，往往都会有多个核糖体结合在一个 mRNA 转录体上，从而形成念珠状结构，称为多聚核糖体。2 个核糖体之间有一段裸露的 mRNA。多聚核糖体的出现是由于一旦一个活跃的核糖体通过了 mRNA 上的起始位点，第二个核糖体就能在那个位点起始翻译，这样就提高了翻译的效率。

（2）核糖体的化学组成。原核细胞核糖体中的小亚基含有 21 种蛋白质，还含有 1 分子 rRNA（核糖体 RNA）。大亚基含有 34 种蛋白质及大小不等的 2 分子 rRNA。真核细胞核糖体中的小亚基有 30 多种蛋白质及 1 分子 rRNA。大亚基中有 50 多种蛋白质及大小不等的 2 分子 rRNA。哺乳类动物核糖体的大亚基中还有 1 分子 rRNA（比上面提到的真核细胞核糖体中较小的 rRNA 稍大一些）。真核细胞中的叶绿体和线粒体也有自己的核糖体。①核糖体 RNA（rRNA）。大肠杆菌核糖体内的 rRNA 有很多短的双螺旋区。目前对 rRNA 的生物学功能还缺少了解。有人认为，核糖体 RNA 主要起结构作用，为核糖体蛋白质正确的装配和定位提供了骨架。但也有例外，16S rRNA 在识别 mRNA 上的多肽合成起始位点中起重要作用。

②核糖体蛋白。大肠杆菌所有核糖体蛋白的氨基酸序列已经阐明，它们的大小范围在 46～557 个残基。这些蛋白质的大多数互相之间不存在序列上的相似性，但富含碱性氨基酸赖氨酸和精氨酸，并含有很少的芳香族氨基酸，这种情况对与多聚阴离子 RNA 分子的结合是有利的。

◎ 肽链合成后的折叠与修饰

大多数蛋白质的肽链在合成时或合成后，还必须经过若干折叠及修饰过程，才能成为成熟的、有一定生理功能的蛋白质分子。

多肽链

（1）多肽链的折叠是指从多肽链氨基酸序列形成正确的三维结构的过程。肽链的折叠从核糖体出现新生的多肽链即可开始。蛋白质的氨基酸序列规定蛋白质的三维结构，但生物体内蛋白质的折叠仍然需要催化剂的帮助。现已发现，蛋白质二硫键异构酶和肽基脯氨酸异构酶参与蛋白质的折叠过程。在蛋白质中有一部分脯氨酸亚氨基的肽键是顺式构型，需要被异构化为反式。另外，还有一个被称为分子伴侣的蛋白质家族涉及蛋白质折叠，它们通过抑制新生肽链不恰当的聚集，并排除与其他蛋白质不合理的结合，协助多肽链的正确折叠。

（2）多肽链的修饰可以在肽链折叠前、折叠期间或折叠后进行，也可以在肽链延伸期间或终止后进行。有些修饰对多肽链的正确折叠是重要的，有些修饰与蛋白质在细胞内的转移或分泌有关。①末端氨基的去甲酰化和 N－甲硫氨酸的切除。原核细胞多肽 N 末端的甲酰甲硫氨酸的甲酰基可在去甲酰酶的催化下被除去。在原核和真核细胞中多肽 N 末端的甲硫氨酸（有时与少数几个氨基酸一起）均可被氨肽酶除去。原核细胞究竟采取去甲酰基还是去甲酰甲硫氨酸，常决定于邻近氨基酸。②一些氨基酸残基侧链被修饰。有些氨基酸没有相应的遗传密码，而是在肽链从核糖体释放后经化学修饰形成的。例如胶原蛋白中含有大量的羟脯氨酸和羟赖氨酸，分别是脯氨酸和赖氨酸经羟化而成的。有些蛋白质中的天冬酰胺、丝氨酸和苏氨酸发生糖基化形成糖蛋白，丝氨酸磷酸化成为磷酸丝氨酸。③二硫键的形成。多肽链的半胱氨酸残基可在蛋白质二硫键异构酶的作用下形成二硫键，肽链内或肽链间都可以形成二硫键，二硫键在维持蛋白质的空间构象中起了很重要的作用。④多肽链的水解断裂。许多具有一定功能的蛋白质如酶、激素蛋白，在体内常以无活性的前体肽的形式产生。它们在一定情况下经体内蛋白酶的水解切去部分肽段，才能变成有活性的蛋白质。例如胰岛素原变成胰岛素，胰蛋白酶原变为胰蛋白酶等。

知识小链接

胰蛋白酶

　　胰蛋白酶是蛋白酶的一种。在脊椎动物中，作为消化酶而起作用。在胰脏是作为酶的前体胰蛋白酶原而被合成的。作为胰液的成分而分泌，受肠激酶或胰蛋白酶的限制分解成为活化胰蛋白酶，是肽链内切酶，它能把多肽链中赖氨酸和精氨酸残基中的羧基侧切断。它不仅起消化酶的作用，而且还能限制分解糜蛋白酶原、羧肽酶原、磷脂酶原等其他酶的前体，起活化作用。胰蛋白酶是特异性最强的蛋白酶，在决定蛋白质的氨基酸排列中，它成为不可缺少的工具。

人体中的核酸

核酸是由许多核苷酸聚合而成的生物大分子化合物,为生命的最基本物质之一。

核酸广泛存在于所有动物、植物细胞、微生物内,生物体内核酸常与蛋白质结合形成核蛋白。不同的核酸,其化学组成、核苷酸排列顺序等不同。根据化学组成不同,核酸可分为核糖核酸(简称 RNA)和脱氧核糖核酸(简称 DNA)。

核酸不仅是基本的遗传物质,而且在蛋白质的生物合成上也处于重要位置,因而在生长、遗传、变异等一系列重大生命现象中起着决定性的作用。

核酸的概述

◎ 核酸研究的历史

1869 年，科学家从脓细胞中提取到一种富含磷元素的酸性化合物，因存在于细胞核中而将它命名为"核质"（nuclein）。早期的研究仅将核酸看成是细胞中的一般化学成分，没有人注意到它在生物体内有什么功能这样的重要问题。

核酸为什么是遗传物质？

1944 年，科学家为了寻找导致细菌转化的原因，发现了从 S 型肺炎球菌中提取的 DNA 与 R 型肺炎球菌混合后，能使某些 R 型菌转化为 S 型菌，且转化率与 DNA 纯度呈正相关，若将 DNA 预先用 DNA 酶降解，转化就不会发生。研究证明，S 型菌的 DNA 将其遗传特性传给了 R 型菌，DNA 就是遗传物质。从此核酸是遗传物质的重要地位才被确立，人们把对遗传物质的注意力从蛋白质移到了核酸上。

知识小链接

肺炎球菌

一种球状的革兰氏阳性菌，具有 α 溶血性，是链球菌属下的一种细菌。作为一种重要的人类病因，肺炎链球菌于 19 世纪已被发现能引致肺炎，亦是体液免疫研究的对象。

核酸研究中划时代的工作是科学家于 1953 年创立的 DNA 双螺旋结构模型。模型的提出建立在对 DNA 下列 3 个方面认识的基础上：

（1）核酸化学研究中所获得的 DNA 化学组成及结构单元的知识，特别是发现的 DNA 化学组成的新事实。

（2）X 线衍射技术对 DNA 结晶的研究中所获得的一些原子结构的最新参数。

（3）遗传学研究所积累的有关遗传信息的生物学属性的知识。

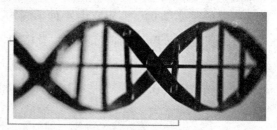

人类 DNA 双螺旋结构

综合这三方面的知识所创立的 DNA 双螺旋结构模型，不仅阐明了 DNA 分子的结构特征，而且提出了 DNA 作为执行生物遗传功能的分子，从亲代到子代的 DNA 复制（replication）过程中，遗传信息的传递方式及高度保真性。其正确性于 1958 年被实验所证实。DNA 双螺旋结构模型的确立为遗传学进入分子水平奠定了基础，是现代分子生物学的里程碑。从此，核酸研究受到了前所未有的重视。

◎ 核酸化学的发展

核酸的发现已有百余年的历史，但人们对它真正有所认识不过近 60 年的事。远在 1868 年瑞士化学家米歇尔（1844—1895），首先从脓细胞分离出细胞核，用碱抽提再加入酸，得到一种含氮和磷特别丰富的沉淀物质，当时曾叫它做核质。1872 年又从鲑鱼的精子细胞核中，发现了大量类似的酸性物质，随后在多种组织细胞中也发现了这类物质的存在。因为这类物质都是从细胞核中提取出来的，而且都具有酸性，因此称为核酸。过了许多年以后，人们才从动物组织和酵母细胞分离出含蛋白质的核酸。

📝 知识小链接

米歇尔

米歇尔是生物化学家。米歇尔教授长期从事光合作用重要蛋白质的研究，在光合反应中心、需氧呼吸以及细胞色素 C 氧化酶等方面取得了突出的成就。

　　20 世纪 20 年代，德国生理学家柯塞尔（1853—1927）和他的学生琼斯（1865—1935）、列文（1896—1940）的研究结果，搞清了核酸的化学成分及其最简单的基本结构。证实它由 4 种不同的碱基，即腺嘌呤（A）、鸟嘌呤（G）、胸腺嘧啶（T）和胞嘧啶（C）及核糖、磷酸等组成。其最简单的单体结构是"碱基－核糖－磷酸"构成的核苷酸。1929 年又确定了核酸有 2 种：①脱氧核糖核酸（DNA）；②核糖核酸（RNA）。核酸的分子量比较大，一般由几千到几十万个原子组成，分子量可达 11 万至几百万以上，是一种生物大分子。这种复杂的结构决定了它的特殊性质。

　　1928 年生理学家格里菲斯，在研究肺炎球菌时发现肺炎双球菌有 2 种类型：①S 型双球菌，外包有荚膜，不能被白血球吞噬，具有强烈毒性；②R 型双球菌，外无荚膜，容易被白血球吞噬，没有毒性。格里菲斯取 R 型细菌少量，与大量已被高温杀死的有毒的 S 型细菌混在一起，注入小白鼠体内，照理应该没有问题。但是出乎意料，小白鼠全部死亡。检验它的血液，发现了许多 S 型活细菌。活的 S 型细菌是从哪里来的呢？格里菲斯反复分析认为一定有一种什么物质，能够从死细胞中进入活的细胞中，改变了活细胞的遗传性状，把它变成了有毒细菌。这种能转移的物质，格里菲斯把它叫做转化因子。细菌学家艾弗里（1877—1955）认为这一工作很有意义，立刻开始研究这种转化因子的化学成分。

　　艾弗里在 1944 年得到研究的结果，证明了转化因子就是核酸（DNA），是 DNA 将 R 型肺炎双球菌转化为 S 型双球菌的信息载体。但是，这样重要的发现没有被当时的科学界所接受，主要原因是受过去错误假说的影响。以前柯塞尔发现核酸时，列文虎克等化学家曾错误地认为核酸是由 4 个含有不同碱基的以核苷酸为基础的高分子化合物，其中 4 种碱基的含量为 1∶1∶1∶1。在这个错误假说的影响下，科学界对艾弗里的新发现提出了种种责难，怀疑他的实验是不严格的，很可能在做实验时带入了其他蛋白质，因而产生了与列文虎克假说不符合的现象。艾弗里在大量舆论的压力下，也不敢坚持他的正确结论，而采取了模棱两可的说法："可能不是核酸自有的性质，而是由于微量的、别的某些附着于核酸上的其他物质引起了遗传信息的作用。"后来，美国生理学家德尔布吕克（1906—1981）发现噬菌体比细菌还小，只有 DNA

和外壳蛋白，构造简单、繁殖快，是研究基因自我复制的最好材料。于是组成噬菌体研究小组，开始选用大肠杆菌和它的噬菌体研究基因复制的工作。1952 年小组成员赫希尔和蔡斯，用同位素标记法进行实验。他们的实验进一步证明了 DNA 就是遗传的物质基础。差不多与此同时，还有人观察到凡是分化旺盛或生长迅速的组织，如胚胎组织等，其蛋白质的合成都很活跃，RNA 的含量也特别丰富，这表明 RNA 与蛋白质的生命合成之间存在着密切的关系。

由于核酸生物学功能的发展，进一步促进了核酸化学的发展。尤其是 20 世纪 50 年代以来，用于核酸分析的各种先进技术不断地创造和使用，用于核酸的提取和分离方法的不断革新和完善，从而为研究核酸的结构和功能奠定了基础。对核酸分子中各个核苷酸之间的连接方式已有所认识，DNA 分子的双螺旋结构学说已经提出，对有关核酸的代谢、核酸在遗传中以及在蛋白质生物合成中的作用机理也都有了比较深入的认识。近年来，遗传工程学的突起，在揭示生命现象的本质，用人工方法改变生物的性状和品种，以及在人工合成生命等方面都显示了核酸历史性的广阔远景。

广角镜

胚　胎

胚胎是专指有性生殖而言，是指雄性生殖细胞和雌性生殖细胞结合成为合子之后，经过多次细胞分裂和细胞分化后形成的有发育成生物成体的能力的雏体。一般来说，卵子在受精后的 2 周内称孕卵或受精卵；受精后的第 3~8 周称为胚胎。

▶ 核酸的种类和分布

按其所含糖的种类不同，核酸又分为两大类：核糖核酸（RNA）和脱氧核糖核酸（DNA）。在真核细胞中，DNA 主要集中在细胞核内，占总量的98％以上。不同种类生物的细胞核中 DNA 含量差异很大，但同种生物的体细胞核中的 DNA 含量是相同的，而性细胞仅为体细胞 DNA 含量的一半。此外，线粒体和叶绿体等细胞器中也均有各自的 DNA。DNA 和 RNA 都是由单个核苷酸连接而形成的。RNA 平均含有 2000 个核苷酸，而人的 DNA 分子却很长，约为 3×10^9 个核苷酸组成。

知识小链接

染色体

染色体是细胞核中载有遗传信息（基因）的物质，在显微镜下呈丝状或棒状，由核酸和蛋白质组成，在细胞发生有丝分裂时期容易被碱性染料着色，因此而得名。在无性繁殖物种中，生物体内所有细胞的染色体数目都一样。而在有性繁殖物种中，生物体的体细胞染色体成对分布，含有两个染色体，称为二倍体。性细胞如精子、卵子等是单倍体，染色体数目只是体细胞的一半。哺乳动物雄性个体细胞的性染色体对为 XY，雌性则为 XX。鸟类的性染色体与哺乳动物不同：雄性个体的是 ZZ，雌性个体为 ZW。正常人的体细胞染色体数目为 23 对，并有一定的形态和结构。

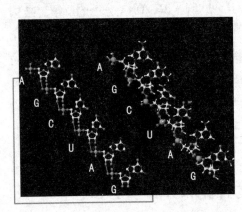

核糖核酸

DNA 是真核生物染色体的主要成分。染色体 DNA 分子中的脱氧核苷酸顺序（即碱基顺序）是遗传信息的贮存形式，亦是遗传的最小功能单位。基因就是 DNA 分子上具有遗传效应的特定核苷酸序列，其编码表达的产物是 RNA 或多肽链。DNA 通过复制把全套遗传信息传递给子代 DNA，并通过转录把某些遗传信息传递给 RNA。原核细胞没有明显的细胞核结构，DNA 存在于称为类核的结构区，也没有与之结合的染色质蛋白，每个原核细胞只有一个染色体，每个染色体含一个双链环状 DNA 分子。原核细胞染色体之外还存在能进行自主复制的遗传单位，称为质粒。某些低等真核生物（如酵母）中也存在质粒。在 RNA 病毒中，RNA 携带遗传信息。因此，在少数的生物有机体中，RNA 也是 RNA 病毒中的遗传物质。

> **基本小知识**
>
> ### 酵　　母
>
> 酵母是一种单细胞真菌，在有氧和无氧环境下都能生存。在医药工业中，酵母及其制品用于治疗某些消化不良症，并能提高和调整人体的新陈代谢机能。在畜牧业中，酵母广泛用作精饲料以增加饲料中的蛋白质含量，对提高禽畜的出肉率、产蛋率和产乳率，对肉质的改良和毛皮质量的提高均有明显的效果。

细胞内的 RNA 主要存在于细胞质中，约占 90%，少量存在于细胞核中。细胞中的 RNA 有 3 种：①含量最少的信使 RNA（mRNA），约占细胞总 RNA 的 5%，mRNA 在蛋白质生物合成中起着决定氨基酸顺序的模板作用；②含量最多的核糖体 RNA（rRNA），约占细胞总 RNA 的 80%，它与蛋白质结合构成核糖体，核糖体是合成蛋白质的场所；③相对分子质量最小的转移 RNA（tRNA），约占细胞总 RNA 的 10%~15%，在蛋白质合成时起着携带活化氨基酸的作用。此外，叶绿体、线粒体中也有各自与细胞质不同的 mRNA、tRNA 和 rRNA。

研究发现，朊病毒是一类能引起绵羊瘙痒病、疯牛病等疾病的蛋白质性传染粒子。就目前所知的无论是病毒，还是类病毒都含有核酸，而朊病毒不含有核酸。朊病毒的复制方式比较独特，它不通过核酸复制或反转录过程进行繁衍，而是以构象异常的蛋白质分子为引子，诱使正常的朊病毒蛋白分子发生构象异常变化。朊病毒蛋白是细胞中编码朊病毒蛋白基因的正常表达产物，其正常功能尚不完全清楚，只是有的科学家发现，正常朊病毒蛋白功能丧失会引起突触丧失和神经元退化。正常朊病毒蛋白对蛋白质水解酶很敏感，科学家把其代号定为 PrPc。一旦这种蛋白质分子的构象由 α 螺旋转变为 β 折叠式，那么它就变成了具有致病感染力的分子，其代号为 PrPsc。因此，所谓的朊病毒蛋白应该是指具有致病能力的 PrPsc 分子。

▶ 核苷酸的化学组成

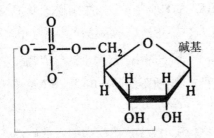

核苷酸的基本结构

核苷酸是核酸最基本的结构单位。采用不同的降解法（酶法，部分酸或碱水解法）可以将核酸降解成核苷酸，核苷酸还可以进一步分解成核苷和磷酸，核苷再进一步分解生成碱基和戊糖。碱基分为两大类：嘌呤碱与嘧啶碱。

碱基（嘌呤碱或嘧啶碱）、戊糖（核糖或脱氧核糖）和磷酸是核苷酸的基本组成成分，相当于"元件"；碱基与戊糖组成核苷。核苷再与磷酸组成核苷酸，并由许多核苷酸按特定的顺序连接成为核酸，所以核酸是一种多聚核苷酸。两类核酸（DNA 和

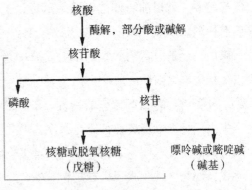

核苷酸的化学组成

RNA）的组成成分中有相同的，也有不同的。现将两类核酸的基本化学组成列于下表中。

DNA 和 RNA 中的各种核苷

碱基	核糖核苷 RNA	脱氧核糖核苷 DNA
腺嘌呤（A）	腺嘌呤核苷	腺嘌呤脱氧核苷
鸟嘌呤（G）	鸟嘌呤核苷	鸟嘌呤脱氧核苷
胞嘧啶（C）	胞嘧啶核苷	胞嘧啶脱氧核苷
胸腺嘧啶（T）		胸腺嘧啶脱氧核苷
尿嘧啶（U）	尿嘧啶核苷	

▷ 核酸的化学组成

核酸是在科学家们研究细胞核时发现的，也就是说，核酸是从细胞核里提取出来的一种酸性物质，因而被称之为核酸。核酸有两大类，一种是脱氧核糖核酸，简称 DNA；一种是核糖核酸，简称 RNA。通常意义下的核酸就是指 DNA，它在细胞里含量极少，如果要提取它，比沙里淘金还难。一个鸡蛋里 DNA 的含量占鸡蛋总量的 $\frac{1}{200000}$，换句话说，20 万个鸡蛋里 DNA 的重量只相当于一个鸡蛋，实在太少了。

在低等细胞如支原体和细菌中，DNA 不和其他分子结合而独立活动。但在动植物、真菌、酵母及高等藻类中，DNA 大部分存在于细胞核内的染色体上，它与蛋白质结合成核蛋白。核酸（DNA）是由成千甚至上百万个核苷酸组成。那么，我们可以打个不太恰当的比方：染色体像一座由许多房间组成的大楼，基因就像一个一个的房间，而核苷酸就像一块一块的砖。

现在，让我们来考察一下染色体这座大楼，考察一下每个房间的建筑材料的砖块——核苷酸。取下一块砖来粉碎，我们看到，这块砖是由磷酸、戊糖、有机碱三种不同原料构成的。它们三者是怎样组成核苷酸的呢？有机碱是一种含氧的环状分子，它和戊糖结合成碱基，又称核苷，核苷再与磷酸结合，就成为核苷酸，这样造楼的一块砖就做好了。核苷酸的性质是由碱基决定的，组成 DNA 的碱基共有 4 种：腺嘌呤（A）、胸腺嘧啶（T）、胞嘧啶（C）、鸟嘌呤（G）。

最后，我们再来看看核苷酸是怎样砌"墙"，以及"墙"的形状是怎么样的？我们已知道，这个"墙"即是核酸 DNA。科学家告诉我们，DNA 的分子呈双螺旋结构，DNA 分子有 2 条核苷酸链，每条链由一个接一个的核苷酸组成，连接得非常稳，两条链并排盘绕成双螺旋，像一个拧成麻花状的梯子。磷酸和糖构成了梯子两边的骨干，碱基双双相对地排列着，形成了梯子骨干间的横干。

不过，你不能用它来上楼，因为它太窄了，这架梯子宽 20 埃（1 埃 = $\dfrac{1}{10^8}$ 米），连人的一只脚都放不下。实验证明，嘌呤分子和嘧啶分子的大小是不一样的，嘌呤大，嘧啶小。如果 2 个嘌呤分子相连，超过 20 埃，梯子就不够宽；如果 2 个嘧啶分子相连，又达不到梯子的宽度。因此，可以设想是一个嘌呤与一个嘧啶相连，构成了梯子间的横干。另外，虽然不同生物的核苷酸成分不同，但每种生物的 DNA 中，C 的含量一定与 G 相同，A 的含量一定与 T 相等，这样 C 与 G，A 与 T 相互配对时，才不致有谁多了而遭冷落。由于碱基实行这种互补配对，我们就可以在知道了一条链上的碱基序列后，而推知另一条链上的碱基序列。碱基配对，这就是建造染色体这座大楼时采用的砌砖方法。

人体化学反应中的核酸

◎核酸、蛋白质谁更"牛"

一般人都知道，生命是蛋白质存在的形式，蛋白质是生命的基础。在发现核酸前，这句话是对的。但当核酸被发现后，应该说最本质的生命物质是核酸，或是把上述的这句话更正为蛋白体是生命的基础。按照现代生物学的观点，蛋白体是包括核酸和蛋白质的生物大分子。

核酸在生命中为什么比蛋白质更重要呢？因为生命的重要性是能自我复制，而核酸就能够自我复制。蛋白质的复制是根据核酸所发出的指令，使氨基酸根据其指定的种类进行合成，然后再按指定的顺序排列成所需要复制的蛋白质。世界上各种有生命的物质都含有核酸和蛋白质，至今还没有发现有蛋白质而没有核酸的生命。但在有生命的病毒研究中，却发现病毒以核酸为主体，蛋白质和脂肪以及脂蛋白等只不过充作其外壳，作为与外界环境的界限而已。当它钻入寄生细胞繁殖子代时，把外壳留在细胞外，只有核酸进入细胞内，并使细胞在核酸控制下为其合成子代的病毒。这种现象，美国科学家比喻为人和汽车的关系，即把核酸比为人，蛋白质比作汽车，人驾驶汽车到处跑。从外表上看，人车一体是有生命运动的东西，而真正的生命是人，汽车只是由人制造的载人的外壳。科学家还发现了一种类病毒，是能繁殖子代的有生命物体，其中只有核酸而没有蛋白质，可见核酸是真正的生命物质。

因此我国 1996 年最新出版的《人体生理学》改变了旧教科书中只提蛋白质是生命基础的缺陷，明确提出："蛋白质和核酸是一切生命活动的物质基础。"

然而，多少年来，人们在一味追求蛋白质、维生素、微量元素等营养时，却把最重要的角色——核酸忘却了，这不能不说是人类生命史上的一大遗憾。

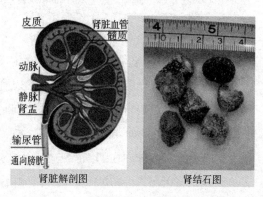

皮质　肾脏血管髓质　动脉　静脉　肾盂　输尿管　通向膀胱　肾脏解剖图　肾结石图

肾结石

没有核酸，就没有蛋白质，也就没有生命。

但是从目前的分析来看，人类无法从食物中直接摄取核酸，人体细胞内的核酸都是自己合成的。服用核酸对人体而言根本毫无营养价值；相反，有研究发现，过度摄入核酸会造成肾结石等疾病。

◎人造核酸可用于治疗白血病

日本工业技术院产业技术融合领域研究所在出版的《自然》杂志上发表论文称，其已开发出了治疗白血病的人造核酸。这种人造核酸就像一把剪刀，可发现引起白血病的遗传基因并将其剪除。科研小组的成员、东京大学研究生院教授多比良和诚根据动物实验结果认为，这种人造核酸将来有望成为治疗白血病的主要药物。

知识小链接

白血病

白血病是一类造血干细胞异常的克隆性恶性疾病。其克隆中的白血病细胞失去进一步分化成熟的能力而停滞在细胞发育的不同阶段。在骨髓和其他造血组织中白血病细胞大量增生积聚并浸润其他器官和组织，同时使正常造血受到抑制，临床表现为贫血、出血、感染及各器官浸润症状。

这次研究的对象是慢性骨髓性白血病（MCL），患者的异常遗传因子是由2个正常的遗传因子连接而成的，新开发的人造核酸可以发现这种变异遗传基因并将其切断。科学家过去也发现过能找到特定的遗传因子序列并将其切断的分子，但在切断特定遗传因子序列的同时往往对正常细胞造成伤害。而新开发出的核酸只在发现异常遗传因子时才被激活，平时则潜伏不动。

科研小组用人体白血病细胞进行了动物实验。他们将可与人造核酸反应的细胞和不可与人造核酸反应的细胞分别注射到8只实验鼠的体内。移植后第13周时，不与人造核酸反应的细胞全部死亡，而与人造核酸反应的细胞全部存活。实验证明，人造核酸在生物体内十分有效。

科研小组说，人造核酸的临床应用尚有诸多问题需要解决，将来很可能是把患者的

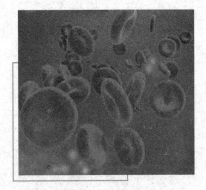

人造核酸可治疗白血病

骨髓细胞抽出来，经人造核酸处理后，再把正常细胞的骨髓输回患者体内。

基本小知识 👆

骨　髓

骨髓是人体的造血组织，位于身体的许多骨骼内。成年人的骨髓分两种：红骨髓和黄骨髓。红骨髓能制造红细胞、血小板和各种白细胞。血小板有止血作用，白细胞能杀灭和抑制各种病原体，包括细菌、病毒等；某些淋巴细胞能制造抗体。因此，骨髓不但是造血器官，它还是重要的免疫器官。

◎ 核酸的化学性质

（1）酸效应。在强酸和高温下，核酸完全水解为碱基、核糖或脱氧核糖及磷酸。在浓度略稀的无机酸中，最易水解的化学键被选择性地断裂，一般为连接嘌呤和核糖的糖苷键，从而产生脱嘌呤核酸。

（2）碱效应。①DNA：当 pH 值超出生理范围（pH 值 $7 \sim 8$）时，对 DNA 结构将产生更为微妙的影响。碱效应使剪辑的互变异构态发生变化。这种变化影响到特定碱基间的氢键作用，结果导致 DNA 双链的解离，称为 DNA 的变性。② RNA：当 pH 值较高时，同样的变性发生在 RNA 的螺旋区域中，但通常被 RNA 的碱性水解所掩盖。这是因为 RNA 存在的 $2' - OH$ 参与到对磷酸酯键中磷酸分子的分子内攻击，从而导致 RNA 的断裂。

（3）化学变性。一些化学物质能够使 DNA、RNA 在中性 pH 值下变性。由堆积的疏水剪辑形成的核酸二级结构在能量上的稳定性被削弱，则核酸变性。

人体中的激素

　　激素音译为荷尔蒙，希腊文原意为"奋起活动"。它对肌体的代谢、生长、发育、繁殖、性别、性欲和性活动等起重要的调节作用。

　　激素是高度分化的内分泌细胞合成并直接分泌入血的化学信息物质，它通过调节各种组织细胞的代谢活动来影响人体的生理活动。由内分泌腺或内分泌细胞分泌的高效生物活性物质，在体内作为信使传递信息，对机体生理过程起调节作用的物质称为激素。激素是我们生命中的重要物质。

激素的产生

激素是由内分泌细胞制造的。

肾上腺

  肾上腺是人体中相当重要的内分泌器官，由于位于两侧肾脏的上方，故名肾上腺。肾上腺左右各一，共同为肾筋膜和脂肪组织所包裹。左肾上腺呈半月形，右肾上腺为三角形。两侧共重 10～15 克。从侧面观察，腺体分肾上腺皮质和肾上腺髓质两部分，周围部分是皮质，内部是髓质。两者在发生、结构与功能上均不相同，实际上是两种内分泌腺。

  人体内分泌细胞有群居和散住两种。群居的形成了内分泌腺，如脑部的脑垂体，脖子前面的甲状腺、甲状旁腺，肚子里的肾上腺、胰岛、卵巢及阴囊里的睾丸。散住的如胃肠黏膜中有胃肠激素细胞，丘脑下部分泌肽类激素细胞等。

  每一个内分泌细胞都是制造激素的小作坊。

  大量内分泌细胞制造的激素集中起来，便成为不可小看的力量。

  激素是化学物质。目前对各种激素的化学结构基本都搞清楚了。按化学结构大体分为 4 类：①类固醇，如肾上腺皮质激素、性激素。②氨基酸衍生物，如甲状腺素、肾上腺髓质激素、松果体激素等。③激素的结构为肽与蛋白质，如下丘脑激素、垂体激素、胃肠激素、降钙素等。④脂肪酸衍生物，如前列腺素。

激素有什么作用

  激素是调节机体正常活动的重要物质。它们中的任何一种都不能在体内发动一个新的代谢过程。它们也不直接参与物质或能量的转换，只是直接或间接地促进或减慢体内原有的代谢过程。例如生长和发育都是人体原有的代谢过程，生长激素或其他相关激素增加，可加快这一进程，减少则使生长发育迟缓。激素对人类的繁殖、生长、发育、各种其他生理功能、行为变化以及适应内外环境等，都能发挥重要的调节作用。一旦激素分泌失衡，便会带来疾病。

激素只对一定的组织或细胞（称为靶组织或靶细胞）发挥特有的作用。人体的每一种组织、细胞，都可以成为这种或那种激素的靶组织或靶细胞。而每一种激素，又可以选择 1 种或几种组织、细胞作为本激素的靶组织或靶细胞。例如生长激素可以在骨骼、肌肉、结缔组织和内脏上发挥特有的作用，使人体长得高大粗壮。但肌肉也充当了雄激素、甲状腺素的靶组织。

激素的生理作用虽然非常复杂，但是可以归纳为 5 个方面：①通过调节蛋白质、糖和脂肪等三大营养物质和水、盐等的代谢，为生命活动供给能量，维持代谢的动态平衡。②促进细胞的增殖与分化，影响细胞的衰老，确保各组织、各器官的正常生长、发育，以及细胞的更新与衰老。例如生长激素、甲状腺激素、性激素等都是促进生长发育的激素。③促进生殖器官的发育成熟、生殖功能，以及性激素的分泌和调节，包括生卵、排卵、生精、受精、着床、妊娠及泌乳等一系列生殖过程。④影响中枢神经系统和植物性神经系统的发育及其活动，与学习、记忆及行为的关系。⑤与神经系统密切配合调节机体对环境的适应。上述五个方面的作用很难截然分开，而且不论哪一种作用，激素只是起着信使的作用，传递某些生理过程的信息，对生理过程起着加速或减慢的作用，不能引起任何新的生理活动。

知识小链接

甲状腺

甲状腺是脊椎动物非常重要的腺体，属于内分泌器官。对于哺乳动物，它位于颈部甲状软骨下方，气管两旁。人类的甲状腺形似蝴蝶，犹如盾甲。甲状腺疾病属于一种临床常见的内分泌系统疾病，主要包括甲状腺功能亢进症、甲状腺炎、甲状腺囊肿以及甲状腺瘤等，严重威胁人的身体健康。

激素的作用机制

激素在血液中的浓度极低，这样微小的数量能够产生非常重要的生理作用，其先决条件是激素能被靶细胞的相关受体识别与结合，再产生一系列过程。

◎ 含氮类激素

含氮类激素与类固醇的作用机制不同。它作为第一信使，与靶细胞膜上相应的专一受体结合，这一结合随即激活细胞膜上的腺苷酸环化酶系统，在 Mg^{2+} 存在的条件下，ATP 转变为 cAMP。cAMP 为第二信使。信息由第一信使传递给第二信使。cAMP 使胞内无活性的蛋白激酶转为有活性，从而激活磷酸化酶，引起靶细胞固有的、内在的反应，如腺细胞分泌、肌肉细胞收缩与舒张、神经细胞出现电位变化、细胞通透性改变、细胞分裂与分化以及各种酶反应等。

自 cAMP 第二信使学说提出后，人们发现有的多肽激素并不使 cAMP 增加，而是降低 cAMP 合成。新近的研究表明，在细胞膜中还有另一种叫做 GTP 的结合蛋白，简称 G 蛋白，而 G 蛋白又可以分为若干种。G 蛋白有 α、β、γ 三个亚单位。当激素与受体接触时，活化的受体便与 G 蛋白的 α 亚单位结合而与 β、γ 分离，对腺苷酸环化

广角镜

靶细胞

某种细胞成为另外的细胞或抗体的攻击目标时，前者就叫后者的靶细胞。例如带有表面抗原的细胞受到免疫细胞或特异性抗体的攻击，它就是免疫细胞或特异性抗体的靶细胞。又如免疫细胞受到某种抗原的攻击，它就是该抗原的靶细胞。

酶起激活或抑制作用。起激活作用的叫兴奋性 G 蛋白（Gs）；起抑制作用的叫抑制性 G 蛋白（Gi）。G 蛋白与腺苷酸环化酶作用后，G 蛋白中的 GTP 酶

使 GTP 水解为 GDP 而失去活性，G 蛋白的 β、γ 亚单位重新与 α 亚单位结合，进入另一次循环。腺苷酸环化酶被 Gs 激活时 cAMP 增加；当它被 Gi 抑制时，cAMP 减少。需要指出的是，cAMP 与生物效应的关系不经常一致，故关于 cAMP 是否是唯一的第二信使尚有不同的看法，有待进一步研究。近年来关于细胞内磷酸肌醇可能是第二信使的学说受到重视。这个学说的中心内容是：在激素的作用和磷脂酶 C 的催化下，发生以下过程：细胞膜的磷脂酰肌醇→三磷肌醇 + 甘油二酯。二者通过各自的机制使细胞内的 Ca^{2+} 浓度升高，增加的 Ca^{2+} 与钙调蛋白结合，起到激发细胞生物反应的作用。

知识小链接

磷酸肌醇

磷酸肌醇是一类肌醇磷脂的代谢产物，是由磷酸与肌醇酯化生成的化合物。它是磷脂酰肌醇的组成部分。

◎ 类固醇激素

类固醇激素是分子量较小的脂溶性物质，可以透过细胞膜进入细胞内，在细胞内与胞浆受体结合，形成激素胞浆受体复合物。复合物通过变构就能透过核膜，再与核内受体相互结合，转变为激素—核受体复合物，促进或抑制特异的 RNA 合成，再诱导或减少新蛋白质的合成。

激素还有其他作用方式。此外，还有一些激素对靶细胞无明显的效应，但可能使其他激素的效应大为增强，这种作用被称为"允许作用"。例如肾上腺皮质激素对血管平滑肌无明显作用，却能增强去甲肾上腺素的升血压作用。

激素的代谢

激素的合成、贮存、释放、运输以及在体内的代谢过程，有许多类似的地方。

◎ 合成和贮存

不同结构的激素，其合成途径也不同。肽类激素一般是在分泌细胞内核糖体上通过翻译过程合成的，与蛋白质合成过程基本相似，合成后储存在胞内高尔基体的小颗粒内，在适宜的条件下释放出来。胺类激素与类固醇类激素是在分泌细胞内主要通过一系列特有的酶促反应而合成的。前一类底物是氨基酸，后一类是胆固醇。如果内分泌细胞本身的功能下降或缺少某种特有的酶，都会减少激素合成，形成某种内分泌腺功能低下；内分泌细胞功能过分活跃，激素合成增加，分泌也增加，形成某内分泌腺功能亢进。两者都属于非生理状态。

各种内分泌腺或细胞贮存激素的量可以不同，除甲状腺贮存激素量较大外，其他内分泌腺的激素贮存量都较少，合成后即释放到血液（分泌），所以在适宜的刺激下，一般依靠加速合成以供需要。

◎ 激素的分泌及其调节

激素的分泌有一定的规律，既受机体内部的调节，又受外界环境信息的影响。激素分泌量的多少，对机体的功能有重要的影响。

（1）激素分泌的周期性和阶段性。由于机体对地球物理环境周期性的变化以及对社会生活环境长期适应的结果，使激素的分泌产生了明显的时间节律，血中激素浓度也就呈现了以日、月或年为周期的波动。这种周期性波动与其他刺激引起的波动毫无关系，可能受中枢神经的"生物钟"控制。

（2）激素在血液中的形式及浓度。激素分泌入血液后，部分以游离形式随血液运转，另一部分则与蛋白质结合，是一种可逆性过程，即游离型＋结合蛋白结合型，但只有游离型才具有生物活性。不同的激素结合不同的蛋白，结合比例也不同。结合型激素在肝脏代谢与由肾脏排出的过程比游离型长，这样可以延长激素的作用时间。因此，可以把结合型看做是激素在血液中的临时储蓄库。激素在血液中的浓度也是内分泌腺功能活动态的一种指标，它保持着相对稳定。如果激素在血液中的浓度过高，往往表示分泌此激素的内分泌腺或组织功能亢进；浓度过低，则表示功能低下或不足。

　　（3）激素分泌的调节。如前所述，激素分泌的适量是维持机体正常功能的一个重要因素，故机体在接受信息后，相应的内分泌腺是否能及时分泌或停止分泌，这就要机体的调节，使激素的分泌能保证机体的需要，又不至过多而对机体产生损害。引起各种激素分泌的刺激可以多种多样，涉及的方面也很多，有相似的方面，也有不同的方面，但是在调节的机制方面有许多共同的特点，简述如下。

　　当一个信息引起某一激素开始分泌时，往往调整或停止其分泌的信息也反馈回来，即分泌激素的内分泌细胞随时收到靶细胞及血液中该激素浓度的信息，或使其分泌减少（负反馈），或使其分泌再增加（正反馈），常常以负反馈效应为常见。最简单的反馈回路存在于内分泌腺与体液成分之间，如血液中葡萄糖浓度增加可以促进胰岛素分泌，使血糖浓度下降；血糖浓度下降后，则胰岛分泌胰岛素的作用减弱，胰岛素分泌减少，这样就保证了血液中葡萄糖浓度的相对稳定。又如下丘脑分泌的调节肽可以促进腺垂体分泌促激素，而促激素又促进相应的靶腺分泌激

广角镜

腺垂体

　　腺垂体是体内最重要的内分泌腺，是脑基底部靠近视丘下部的樱桃状的一个器官，属于内分泌系统的一部分。它分泌的多种激素可以刺激视丘下部激素的分泌。已知腺垂体分泌的激素有七种：生长素、催乳素、促黑素、促甲状腺激素、促肾上腺皮质激素、促性腺激素。促甲状腺激素作用于甲状腺，促肾上腺皮质激素作用于肾上腺皮质，促性腺激素作用于男、女性腺（睾丸和卵巢）。

素以供机体的需要。当这种激素在血液中达到一定浓度后，能反馈性地抑制腺垂体或下丘脑的分泌，这样就构成了"下丘脑—腺垂体—靶腺功能轴"，形成了一个闭合回路。这种调节称为闭环调节，按照调节距离的长短，又可分为长反馈、短反馈和超短反馈。需要指出的是，在某些情况下，后一级内分泌细胞分泌的激素也可以促进前一级腺体的分泌，呈正反馈效应，但较为少见。

在闭合回路的基础上，中枢神经系统可以接受外环境中的各种应激性及光、温度等刺激，再通过下丘脑把内分泌系统与外环境联系起来形成开口环路，促进各级内分泌腺分泌，使机体能更好地适应于外环境。此时闭合环路暂时失效。这种调节称为开环调节。

◎ 激素的代谢

激素从分泌入血，经过代谢到消失（或消失生物活性）所经历的时间长短不同。为表示激素的更新速度，一般采用激素活性在血液中消失 $\frac{1}{2}$ 的时间，称为半衰期，作为衡量指标。有的激素半衰期仅几秒，有的则可长达几天。半衰期必须与作用速度及作用持续时间相区别。激素作用的速度取决于它的作用方式，作用持续时间则取决于激素的分泌是否继续。

激素的消失方式可以是被血液稀释、由组织摄取、代谢灭活后经肝与肾，随尿、粪排出体外。

➡ 甲状腺和新陈代谢

◎ 什么是甲状腺及甲状腺激素

（1）甲状腺是人体最大的一个内分泌腺，它位于颈前下方的软组织内。甲状腺的形状呈"H"形，由左、右两个侧叶和连接两个侧叶的较为狭窄的峡部组成。甲状腺重量变化很大，新生儿约 1.5 克，10 岁儿童约 10~20 克，一般成人重量为 20～40 克。到老年甲状腺将显著萎缩，重量约为 10～15 克。

甲状腺的结构和功能单位是滤泡，甲状腺滤泡大小不一，其形态一般呈球形、卵圆形或管状。其主要功能是分泌甲状腺激素。滤泡腔由单层上皮细胞围成，其中央是滤泡腔，内含胶质，是甲状腺激素的储存场所。

滤泡旁细胞，又称降钙素细胞，多位于滤泡壁上，也可以处在滤泡间

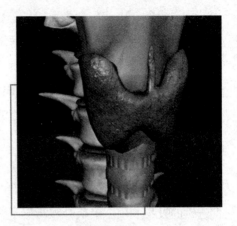

甲 状 腺

质中，可以单独存在，也可以聚集成群。滤泡旁细胞较滤泡细胞大，形状可为卵圆形或梭形。滤泡旁细胞的主要功能是分泌降钙素。

广角镜

滤泡旁细胞

滤泡旁细胞又称 C 细胞，成团积聚在浦泡之间，少量镶嵌在滤泡上皮细胞之间，其腔面被滤泡上皮覆盖，细胞体积较大，在 HE 染色标本下，胞质稍淡。用镀银法可见基底部胞质内有嗜银颗粒，颗粒内含有降钙素，以胞吐的方式分泌。降钙素是一种多肽，通过促进成骨细胞分泌类骨质、钙盐沉着和抑制骨质内钙的溶解使血钙降低。有报道称，哺乳类动物滤泡旁细胞内还含有生长素、去甲肾上腺素、P 物质和血管活性肠肽等。滤泡旁细胞的形态、大小、数量和分布随动物的种属而有差别，人、猴、鼠等的滤泡旁细胞为卵圆形，以小的细胞群分布于滤泡间。而猫、狗等动物的滤泡旁细胞则呈圆形或卵圆形，在滤泡之间积聚形成大的细胞团。人的滤泡旁细胞多分布于甲状旁腺周围的甲状腺内，而在鼠类则多分布于甲状腺中央部。

（2）甲状腺激素及其作用。

①甲状腺激素。脑垂体释放促甲状腺激素，这种激素会命令甲状腺释放

甲状腺激素，而甲状腺激素可以加速体内细胞的新陈代谢。当血液中甲状腺激素的水平达到某种程度的时候，垂体就不再产生促甲状腺激素了。

②甲状腺激素的作用。甲状腺激素对机体的代谢、生长发育、组织分化及多种系统、器官的功能都有重要影响，甲状腺功能紊乱将会导致多种疾病的发生。因此甲状腺也是人体中极为重要的一个内分泌腺。

甲状腺激素具有维持钙平衡的作用。来自甲状腺的降钙素和来自甲状旁腺（附着于甲状腺的 4 个小腺体）的甲状旁腺素共同协调地发挥作用。甲状旁腺素帮助维生素 D 转换为一种活性的激素形式，这种活性维生素 D 有助于促进钙的吸收利用。甲状旁腺激素促进骨骼释放钙元素，而降钙素则将钙元素送回到骨骼中。

◎ 甲状腺激素分泌过多或过少有什么危害

（1）甲状腺分泌的激素——甲状腺素是以一种氨基酸，即酪氨酸为原料合成的。促使这个合成过程的酶依赖于碘、锌和硒。不管是缺乏酪氨酸，还是缺乏碘、锌或硒，都会降低甲状腺素的水平。

知识小链接

酪氨酸

酪氨酸是酪氨酸酶单酚酶功能的催化底物，是最终形成优黑素和褐黑素的主要原料。在美白化妆品研发中，可以通过研究合成与酪氨酸竞争的酪氨酸酶结构类似物以有效地抑制黑色素的生成。

（2）甲状腺激素分泌过多或过少都有危害。您是否会觉得很疲劳、老是忘东忘西，或是经常觉得心情低落？如果这些情形已经成为您日常生活中的常态状况，您可能就要注意甲状腺是不是出了问题。

甲状腺问题可以分为亢进或不足两种状况。当甲状腺腺体分泌过多的激素而加速身体各项功能的运作时，就是甲状腺机能亢进，此时的症状会相当明显，心跳急促或心率不整、血压升高、容易紧张、不好入睡或浅眠，或出汗量变多，甲状腺机能亢进的人体重会无故减轻，并经常觉得沮丧或心神不宁，此外还会导致眼球突出和视力方面的问题。

　　甲状腺功能减退或甲状腺功能不足，就是指甲状腺激素分泌不足（过少）或由之所致的病症。目前最普遍的甲状腺疾病常伴随而来的状况有疲劳、精神不济、新陈代谢变慢以及因新陈代谢变慢而体重增加，此外还会出现情绪低落或起伏不定，健忘、声音沙哑以及怕冷的情形。对婴儿常导致呆小症，成人常表现为氧耗量降低、基础代谢率降低、呆滞、昏睡、苍白、智力减退、精神萎靡。

　　当处于压力较大、身体或心理负担较重，以及过了中年以后，甲状腺比较容易出现分泌失调的问题。甲状腺分泌不正常不但会有以上这些症状，还会导致胆固醇升高、骨质疏松，并增加罹患心脏病和不孕症的概率。

　　甲状腺失调虽然会对身心状况有许多不良影响，但是一旦发现，是可以用药物控制的。医师建议过了中年或是觉得自己有甲状腺失调的症状时，最好要做促甲状腺激素血液筛检。通过这项血液筛检，医师和病人双方都可以更清楚甲状腺的状况并对症下药。

　　此外，甲状腺疾病特别好发于女性，所以也有人称甲状腺疾病为"美女病"。虽然甲状腺疾病可以通过药物控制病情，但是并不太可能根治。而且要特别注意的是，孕妇可能会因为甲状腺分泌不正常而伤害胎儿的脑部发育，生出智商较低的小孩。

　　基本上，甲状腺疾病的治疗以服药为主，当病况严重时也可能会需要将腺体切除。医师建议，保养甲状腺是一辈子的事，平时最好不要熬夜、不要太劳累，避免作息不正常，并且注意自己是否有甲状腺失调的症状，年过35岁的女性及超过50岁的男性则应每年定期作筛检。

压力和肾上腺

◎ 肾上腺的作用

肾上腺居于肾脏的顶部，它会分泌激素和其他成分，帮助我们应对压力。这些激素都可以通过引导身体的能量分配，促进氧气和葡萄糖对肌肉的供应，生成精神和身体的能量，有助于我们对突发事件及时做出反应。

◎ 压力的副作用

长期的压力与老化过程的加速密切相关，也与多种消化系统疾病和激素平衡疾病相关联。

靠咖啡、香烟、高糖膳食或压力本身这些刺激过日子，会增加扰乱甲状腺分泌平衡（这意味着新陈代谢会减慢，同时体重会增加）或钙平衡（导致关节炎）的危险，或患上与性激素失衡及过量皮质醇相关的疾病。这些都是持续压力所带来的长期副作用，因为任何人的身体系统在受到过度的刺激之后，最终都会陷入功能低下的状态。

广角镜

皮质醇

皮质醇是从肾上腺皮质中提取的，是对糖类代谢具有最强作用的肾上腺皮质激素，即属于糖皮质激素的一种。它是通过肾上腺皮质线粒体中的 11β - 羟化酶的作用，由 11 - 脱氧皮质醇生成。皮质醇也可通过 11 - β - 羟类固醇脱氢酶的作用变成皮质素。

减轻压力水平的一个重要途径是减少糖和刺激物的摄入。

◎ 对压力激素有益的营养素

要能应付长期的压力，就要有足够的肾上腺素。为了生成肾上腺素，我们需要足够的维生素 B_3（烟酸）、维生素 B_{12} 和维生素 C。皮质醇也是一种天然的抗炎症成分，如果没足够的维生素 B_5（泛酸），它就不能生成。

◎ 补充氢表雄酮

氢表雄酮是一种至关重要的肾上腺激素，它的水平会因持续不断的压力而下降。少量补充这种激素，可以恢复我们对压力的耐受能力。氢表雄酮可以被用来制造性激素，包括睾酮和雌激素，人们还认为它有"抗衰老"的作用。然而，太多的氢表雄酮也会过度刺激肾上腺，导致失眠症。所以最好在肾上腺压力测试显示你缺乏这种激素的时候，及时地适当补充氢表雄酮。

性激素

性激素是指由动物体的性腺以及胎盘、肾上腺皮质网状带等组织合成的甾体激素，具有促进性器官成熟、副性征发育及维持性功能等作用。雌性动物卵巢主要分泌两种性激素——雌激素与孕激素，雄性动物睾丸主要分泌以睾酮为主的雄激素。

性激素有共同的生物合成途径：以胆固醇为前体，通过侧链的缩短，先产生 21 - 碳的孕酮或孕烯醇酮，继而去侧链后衍变为 19 - 碳的雄激素，再通过 A 环芳香化而生成 18 - 碳

肉食是富含性激素的原料

的雌激素。性激素的代谢失活途径也大致相同，即在肝、肾等代谢器官中形成葡萄糖醛酸酯或硫酸酯等水溶性较强的结合物，然后随尿排出，或随胆汁进入肠道由粪便排出。

性激素在分子水平上的作用方式与其他甾体激素一样，进入细胞后与特定的受体蛋白结合，形成激素受体复合物。然后结合于细胞核，作用于染色

质，影响 DNA 的转录活动，导致新的或增加已有的蛋白质的生物合成，从而调控细胞的代谢、生长或分化。

◎ 雌激素

雌激素系甾体激素中独具苯环（A 环芳香化）结构者，其中雌二醇（又称动情素或求偶素）的活性最强，主要合成于卵巢内卵泡的颗粒细胞，雌酮及雌三醇为其代谢转化物。雌二醇的 2 - 羟基及 4 - 羟基衍生物也具有重要生理意义。自从 1938 年发现非甾体结构而具有类似雌二醇活性的化合物——乙酚以来，已合成的类似物不下几千种，近来已发展到三苯乙烯衍生物，其中有的可作为雌激素代用品，也有的可作为抗雌激素。这些化合物具有类似雌二醇的空间构型，易于合成，除有一定临床应用价值外，还可为研究雌激素作用原理提供线索。然而其代谢规律不同于甾体化合物，整体效应复杂，使用时需慎重。

雌二醇的合成呈周期性变化，其有效浓度极低，在人和常用的实验动物如大鼠、狗等的血液中含量极少。雌激素的靶组织为子宫、输卵管、阴道、垂体等。雌激素的主要作用在于维持和调控副性器官的功能。早年利用去卵巢的动物观察其副性器官变化，并与外源补充雌二醇的动物做比较，发现在雌激素影响下，输卵管、子宫的活动增加，萎缩的子宫重新恢复，其腺体、基质及肌肉部分都增生，子宫液增多，阴道表皮细胞增生，表面层角化等。现已发现不仅经典靶组织具有雌激素受体蛋白，许多重要的中枢或外周器官如下丘脑、松果体、肾上腺、胸腺、胰脏、肝脏、肾脏等也均有不同数量的受体或结合蛋白分子。外源雌激素可引起全身代谢的变化。大剂量的雌二醇可促进蛋白质合成代谢、减少碳水化合物的利用，在鸟类可引起高血脂、高胆固醇，因此对脂肪代谢也有影响。此外，组织中雌二醇对水、盐分子的保留，钙平衡的维持也都有一定影响。雌激素在中枢神经系统的性分化中也起重要作用，而且由于其 2 - 羟基或 4 - 羟基衍生物属于儿茶酚类化合物，与儿茶酚胺等神经介质能竞争有关的酶系，从而相互制约、调控，形成了神经系统与内分泌系统之间的桥梁。这方面的深入研究将有助于阐明性分化、性成熟、性行为及生殖功能的神经——内分泌调控机理。

各种形式的雌激素衍生物已广泛应用于避孕、治疗妇女更年期综合征、男子前列腺肥大症以及其他内分泌失调病等。

◎ 孕激素

孕酮是作用最强的孕激素，也称黄体酮，是许多甾体激素的前身物质，系哺乳类卵巢的卵泡排卵后形成的黄体以及胎盘所分泌的激素。其主要功能在于使哺乳动物的副性器官做妊娠准备，是胚胎着床于子宫，并维持妊娠所不可少的激素。孕激素的分布很广，非哺乳类动物如鸟类、鲨鱼、肺鱼、海星及墨鱼等的卵巢中也有孕激素合成。例如鸟类输卵管卵白蛋白的生成即受孕酮激活。

广角镜

黄体酮

黄体酮是由卵巢黄体分泌的一种天然孕激素，在体内对雌激素激发过的子宫内膜有显著形态的影响，为维持妊娠所必需。黄体酮临床用于先兆性流产、习惯性流产等闭经或闭经原因的反应性诊断等。

孕激素和雌激素在机体内的联合作用，保证了月经与妊娠过程的正常进行。雌激素促使子宫内膜增厚、内膜血管增生。排卵后，黄体所分泌的孕激素作用于已受雌二醇初步激活的子宫及乳腺，使子宫肌层的收缩减弱、内膜的腺体、血管及上皮组织增生，并呈现分泌性改变。孕激素使已具发达管道的乳腺腺泡增生。这些作用也依赖于细胞质中的孕酮受体，而雌二醇对孕酮受体的合成具有诱导作用。孕激素在高等动物体内的其他作用不多，已知大剂量的孕酮可以引起雄性反应，药理剂量的孕酮还可以对垂体的促性腺激素分泌起抑制作用，避孕药中所含孕激素的抑制排卵效应，就是对促性腺激素起抑制作用的结果。

◎ 雄激素

睾丸、卵巢及肾上腺均可分泌雄激素。睾酮是睾丸分泌的最重要的雄激素。雄激素作用于雄性副性器官如前列腺、精囊等，促进其生长并维持其功能，也是维持雄性副性征所不可少的激素，如家禽的冠、鸟类的羽毛、反刍动物的角以及人类的须发、喉结等。雄激素还具有促进全身合成代谢，加强氮的贮留等功能，这在肝脏和肾脏尤为显著。

雄激素在动物界分布广泛，系 19 - 碳甾体化合物，已有大量人工合成的雄激素，包括酯化、甲氧基化或氟取代的衍生物，便于口服或具有较强的促合成代谢功能，可以应用于临床。

雄激素的分泌不像雌激素，它没有明显的周期性，然而也与垂体促性激素形成反馈关系。睾酮是在血液中运转、负责反馈作用的形式，但在细胞水平起作用时，睾酮常需转化成双氢睾酮，后者与受体蛋白结合的亲和力高于睾酮。雄激素在细胞水平如下丘脑等组织中的另一转化方式是 A 环的芳香化而形成雌激素，致使某些动物的睾丸中雌激素含量甚高。这种转化在中枢神经系统中已经证明与脑的性分化有重要关系。

如何平衡身体中的激素

有的激素类似于脂肪，这样的激素被称为类固醇激素。也有的类似于蛋白质，比如胰岛素。它们都是由食物当中某些成分建造而成，因此膳食对保持激素水平的平衡起到至关重要的作用。

为了保持我们身体激素的平衡，要做到：

（1）保持动物脂肪含量很低的膳食。

（2）尽可能选择有机的蔬菜和肉类。

（3）不要进食用聚氯乙烯食品薄膜包装的含油食品。

（4）尽量少摄入或不摄入刺激物，如咖啡、茶、巧克力、糖和香烟。

（5）减轻压力。

（6）确保从种子类食物及种子油或补充剂中，获得足够的必需脂肪。

（7）确保食物中含有最佳水平的维生素 B_3 和维生素 B_6、生物素、镁和锌。

（8）如果有经前综合征或更年期综合征，考虑补充有益激素平衡的补充剂，其中含有更高量的维生素 B_3、维生素 B_6 和维生素 E、生物素、镁和锌。更年期的女性朋友也可以选择服用葛根异黄酮。葛根异黄酮具有双向调节雌激素的作用。

生命反应中的催化剂——酶

　　酶是生物体内产生的，能催化热力学上允许进行的化学反应的催化剂，其化学本质大多数为蛋白质。

　　酶类似于一般催化剂，在催化反应进程中自身不被消耗，不改变化学反应的平衡点，也不改变化学反应的方向，但能加快化学反应到达平衡点的时间。

　　酶是由生物体活细胞所产生，但酶发挥其催化作用并不局限于活细胞内。在许多情况下，细胞内产生的酶须分泌到细胞外或转移到其他组织器官中才能发挥作用，如胰蛋白酶、脂酶、淀粉酶等水解酶。

酶是活的

　　酶的催化作用的发现可以追溯到很久以前。人类早就会利用酵母、果汁和粮食转化成酒，人们把果汁和粮食变成酒的过程叫做发酵，酵母制品被称为酵素。后来，法国物理学家德拉图尔对"酵母究竟是什么东西"发生了兴趣。于是，他用显微镜这个观察微观世界的工具观察了酵母的形状，结果他看到了酵母的繁殖过程。使他感到特别惊奇的是，酵母居然是活的。由此，科学家产生了一种新的认识——酶是活的。

知识小链接

酵母菌

　　酵母菌是一些单细胞真菌，并非系统演化分类的单元。酵母菌是人类文明史中被应用得最早的微生物，可在缺氧环境中生存。目前已知有1000多种酵母，根据酵母菌产生孢子（子囊孢子和担孢子）的能力，可将酵母分成三类：形成孢子的株系属于子囊菌和担子菌。不形成孢子但主要通过出芽生殖来繁殖的称为不完全真菌，或者叫"假酵母"（类酵母）。目前已知大部分酵母被分类到子囊菌门。酵母菌在自然界分布广泛，主要生长在偏酸性的潮湿的含糖环境中，而在酿酒中，它也十分重要。

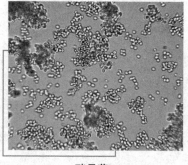

酵母菌

　　除了酵母以外，其他有机体内也存在着类似发酵过程的分解反应。例如，人和某些动物的胃肠里就进行着这样的过程，从胃里分泌出来的胃液中，含有某种能加速食物分解的物质。1834年，德国科学家把氯化汞加到胃液里，沉淀出一种白色粉末，再把粉末里的汞除去后，把剩下的粉末物质溶解，就能得到一种消化液，科学家把这种粉末叫做胃蛋白酶。与此同时，又有科学家从麦芽提取物中发现了另外一种物质，它能使淀粉转变成葡萄糖，这就是淀粉转化酶。

　　酶对人体的新陈代谢至关重要。在人体的新陈代谢过程中，进行着许多很复杂的化学反应。人每天都要吸进氧气，喝水，吃含有糖、脂肪、蛋白质、矿物质、维生素的食物，从肺部排出二氧化碳，从汗腺排出水分，以及排出尿、各种不能消化的东西和细菌，这些过程都伴随着各式各样的化学反应，都需要酶起作用。

◆ 酶催化作用的特点

◎ 酶催化的专一性

　　酶催化的专一性是指酶对它所催化的反应及其底物有严格的选择性，即一种酶只能催化一种或一类反应。例如蛋白质、脂肪和淀粉均可被一定浓度的酸或碱水解，其中的酸碱对这三种物质的催化无选择性，而酶水解则有选择性，蛋白酶只能水解蛋白质，脂肪酶只能水解脂肪，而淀粉酶只作用于淀粉。酶催化的专一性是酶与非酶催化剂最重要的区别之一。

> **知识小链接**
>
> **酶催化**
>
> 　　酶催化可以看做是介于均相与非均相催化反应之间的一种催化反应。既可以看成是反应物与酶形成了中间化合物，也可以看成是在酶的表面上首先吸附了反应物，然后再进行反应。

　　（1）酶专一性的类型。根据酶对底物选择的严格程度，酶的专一性可分为结构专一性和立体专一性两种主要的类型。①结构专一性。根据不同酶对不同结构底物专一性程度的不同，又可分为绝对专一性和相对专一性。绝对专一性，指酶只作用于一种底物，底物分子上任何细微的改变酶都不能作用，如脲酶只能催化尿素水解。相对专一性，指酶对底物结构的要求不是十分严格，可作用于一种以上的底物。有些具有相对专一性的酶作用于底物时，对所作用化学键两端的基团要求程度不同，对其中一个要求严格，而对另一个则要求不严，这种特性称为基团专一性（族专一性）。

基本 小知识

葡萄糖苷

葡萄糖苷，简称APG，是由可再生资源天然脂肪醇和葡萄糖合成的。

它是一种性能较全面的新型非离子表面活性剂，兼具普通非离子和阴离子表面活性剂的特性，具有高表面活性、良好的生态安全性和相溶性，是国际公认的首选"绿色"功能性表面活性剂。

②立体专一性。当底物具有立体异构体时，酶只作用于其中的一个。这种专一性包括立体异构专一性和几何异构专一性。旋光异构专一性，如 L－氨基酸氧化酶只催化 L－氨基酸的氧化脱氨基作用，对 D－氨基酸无作用。几何异构专一性，是指当一种底物有几何异构体时，酶只选择其中一种进行作用，如延胡索酸酶可催化延胡索酸加水生成苹果酸，而不能催化顺丁烯二酸加水。

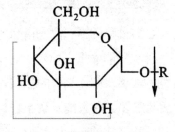

α－葡萄糖苷

知识小链接

苹果酸

苹果酸，又名2－羟基丁二酸。在大自然中以三种形式存在，即D－苹果酸、L－苹果酸和其混合物DL－苹果酸。其为白色结晶体或结晶状粉末，有较强的吸湿性，易溶于水、乙醇，具有特殊愉快的酸味。苹果酸主要用于食品和医药行业。

此外，酶的立体专一性还表现在酶能区分从有机化学观点来看属于对称分子中的 2 个等同的基团，只催化其中的一个，而不催化另一个。例如酵母醇脱氢酶在催化时，辅酶的尼克酰胺环 C4 上只有一侧可以加氢或脱氢，另一侧则不被作用。

需要指出的是酶的专一性既表现在底物上，也表现在产物上，即一种酶只能催化形成特定的产物。

（2）酶作用专一性的机理。酶作用的专一性问题很早就引起了科学家们的注意，并提出了多个假说来解释这种专一性。

①锁与钥匙学说。1894 年，德国科学家发现水解糖苷的酶能区分糖苷的立体异构体。科学家认为酶像一把锁，底物分子或分子的一部分结构犹如钥匙一样，能专一性地插入到酶的活性中心部位，因而发生反应。这一学说曾因无法解释酶促可逆反应而受冷落。但近年来，随着对氨酰—tRNA 合成酶的研究，发现它对大量的非常相似的底物进行高精度的识别，如异亮氨酰—tR-NA 合成酶选择异亮氨酸而不选择亮氨酸作为底物，于是又导致用锁与钥匙学说来解释许多研究过程中的酶作用的专一性问题。

②三点附着学说。它是在研究甘油激酶催化甘油转变为磷酸甘油时提出来的。该学说认为酶具有立体专一性，对于对称分子中的 2 个等同的基团，其空间排布是不同的。可以被酶识别，这是由于这些基团与酶活性中心的有关基团需要达到 3 点都相互匹配，酶才能作用于这个底物。

知识小链接

甘油激酶

在脂肪细胞中，因为没有甘油激酶，所以不能利用脂肪分解产生的甘油，只有通过血液循环运输至肝、肾、肠等组织利用。在甘油激酶作用下，甘油转变为 3 - 磷酸甘油，然后脱氢生成磷酸二羟丙酮，再循糖代谢途径进行氧化分解释放能量，也可以在肝沿糖异生途径转变为葡萄糖或糖原。

以上两种学说都把酶和底物之间的关系认为是刚性的，属于刚性模板学

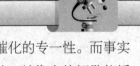

说。它们只能解释底物与酶结合的专一性，不能解释催化的专一性。而事实上专一性应包含两层意义，即结合专一性和催化专一性，就像有的钥匙能插入锁孔中，但不一定能把锁打开。

③诱导契合学说。酶能催化可逆反应在于酶和底物之间的结合是一个诱导契合的过程。该学说的要点是：酶活性中心的结构具有柔性，即酶分子本身的结构不是固定不变的；当酶与其底物结合时，酶受到底物的诱导，其构象发生相应的改变，从而引起催化部位有关基团在空间位置上的改变，以利于酶的催化基团与底物敏感键正确地契合，形成酶—底物中间复合物。近年来各种物理、化学方法和 X 射线衍射、核磁共振、差示光谱等技术都证明了酶和底物结合时酶分子有构象的改变，从而支持了诱导契合学说。

◎ 酶催化的高效性

在生物体内，酶促反应的速率通常为无催化状态时的 10^{16} 倍，远远超过了非酶催化剂所达到的速率。例如尿素在脲酶催化下的水解：

$$H_2N - C - NH_2 \quad \underset{脲酶}{\overset{H_2O}{\rightleftharpoons}} \quad 2NH_3 + CO_2$$
$$\|$$
$$O$$

常温（20℃）下，该酶促反应的速率常数为 3×10^4/秒，而无催化剂时尿素水解的速率常数为 3×10^{-10}/秒。若把两者的比值看作酶的催化能力，则脲酶的催化能力为 10^{14}。

◎ 酶活性的可调节性

酶的另一重要特征是其催化活性受到多种因素的调节控制，从而使生命活动中的各个化学反应具有有序性，这也是区别于化学催化剂的重要特征。例如酶活性的激素调节是由激素通过与细胞膜或受体结合，而对某些酶的专一性进行调节的。

👁 酶的化学本质

迄今为止，被分离纯化的酶已有数千种，经物理和化学方法分析测定表明，其化学本质基本上都是蛋白质。但自从 20 世纪 80 年代以来，人们相继发现 RNA、短片段的 DNA 也具有剪切、修饰、加工和催化分子间反应等活性；此外，还存在抗体酶、人工酶等。这些酶的发现对"酶的化学本质是蛋白质"这一经典观点提出了挑战。

根据酶的化学组分，酶可以分为单纯酶和结合酶两大类。前者除蛋白质外，不含其他物质，如淀粉酶、脲酶、蛋白酶等；结合酶是指酶分子中除蛋白质外，还含有非蛋白质组分，如一些小分子有机物或金属离子，它们统称为辅助因子。例如金属离子在酶分子中作为酶活性中心部位的组成成分，或帮助酶形成具有活性所必需的构象。对于结合酶类，当酶蛋白脱离辅助因子时，无催化活性；只有与辅助因子结合成完整的酶分子即全酶时，才具有催化活性。辅助因子与酶一般通过共价键、配位键或离子键的形式相结合。通常把与酶蛋白结合比较疏松、容易脱离（可以通过透析法除去）的小分子物质称为辅酶（如 NAD^+ 和 $NADP^+$），而把那些与酶蛋白结合比较紧密，不能用透析法除去，需用一定化学方法才可以除去的小分子物质称为辅基（如 FAD、FMN、细胞色素氧化酶中的铁卟啉等）。辅酶与辅基并无本质上的差别，只是它们与酶蛋白结合的牢固程度不同而已。

基本小知识 🖱

辅　　酶

辅酶是一类可以将化学基团从一个酶转移到另一个酶上的有机小分子，与酶较为松散地结合，对于特定酶的活性发挥是必要的。有许多维生素及其衍生物，如核黄素、硫胺素和叶酸，都属于辅酶。这些化合物无法由人体合成，必须通过饮食补充。不同的辅酶能够携带的化学基团也不同：NAD 或 $NADP^+$ 携带氢离子，辅酶 A 携带乙酰基，叶酸携带甲酰基，S－腺苷基蛋氨酸也可携带甲酰基。

在结合酶的催化过程中，酶蛋白与辅助因子所起的作用各不相同，前者决定酶反应的专一性和高效性，后者则作为原子、电子或某些化学基团的载体参与反应，即决定酶反应的类型。在结合酶中，一种酶蛋白只与一种辅酶结合，作用于一种底物，向着一个方向进行化学反应；而一种辅酶则可以与若干种酶蛋白结合形成多种酶，催化若干种底物，发生同一类型的化学反应。例如乳酸脱氢酶（LDH）的酶蛋白，只能与 NAD^+ 结合形成乳酸脱氢酶，使乳酸发生脱氢反应；而含有 NAD^+ 的酶却有多种，除 LDH 外，还有苹果酸脱氢酶（MDH）、α-酮戊二酸脱氢酶（KDH）、异柠檬酸脱氢酶（ICDH）、磷酸甘油脱氢酶（GDH）、3-磷酸甘油醛脱氢酶（3-pGDH）等。

知识小链接

乳酸脱氢酶

乳酸脱氢酶是一种糖酵解酶。它存在于机体所有组织细胞的胞质内，其中以肾脏含量较高。乳酸脱氢酶是能催化乳酸脱氢生成丙酮酸的酶。其同功酶有五种形式，可用电泳方法将其分离。LDH 同功酶的分布有明显的组织特异性，所以可以根据其组织特异性来协助诊断疾病。

酶的命名与分类

迄今所发现的 4000 多种酶中，已有 2500 余种酶被鉴定过，用于生产实践的有近 200 种，其中半数用于临床。为便于研究和学习，科学家们已经对酶进行了命名，并加以科学分类。

◎酶的命名

（1）习惯命名。1961 年以前，人们根据酶作用的底物名称、反应性质及酶的来源，对酶进行了命名。例如催化乳酸脱氢变为丙酮酸的酶叫乳酸脱氢酶，催化草酰乙酸脱去 COZ 变为丙酮酸的酶叫草酰乙酸脱羧酶。此外，胃蛋白酶、细菌淀粉酶及牛胰核糖核酸酶等则是根据来源不同而命名。习惯命名法所定的名称较短，使用起来方便，也便于记忆，但这种命名法缺乏科学性和系统性，易产生"一酶多名"或"一名多酶"的现象。为此，国际生物化学协会酶学委员会于 1961 年提出了新的系统命名和分类原则。

（2）系统命名。该命名法规定，每种酶的名称应明确标明底物及所催化反应的特征，即酶的名称应包含 2 部分：前面为底物，后面为催化反应的名称。若前面的底物有 2 个，则 2 个底物都写上，并在 2 个底物之间用"："分开；若底物之一是水，则可略去。

国际系统命名法看起来科学而严谨，但使用起来不太方便，一般只是在鉴别一种酶或者撰写论文的时候才使用。在大多数情况下，人们还是喜欢使用简单明了的习惯名称。需指出的是，所有酶的名称均是由国际生物化学协会的专门机构审定后向全世界推荐的。其中 20 世纪 60 年代前所发现的酶，其名称基本上为过去所沿用的俗名，其后所发现的酶的名称则是根据酶学委员会制定的命名规则而拟定的。

◎ 酶的分类

根据各种酶所催化反应的类型不同，国际酶学委员会把酶分为 6 大类，即氧化还原酶类、转移酶类、水解酶类、裂解酶类、异构酶类及合成酶类。

（1）氧化还原酶类是一类催化底物发生氧化还原反应的酶，包含氧化酶和脱氢酶 2 类。

知识小链接

氧化还原酶

氧化还原酶是能催化两分子间发生氧化还原作用的酶的总称。其中氧化酶能催化物质被氧气所氧化的作用，脱氢酶能催化从物质分子脱去氢的作用。氧化还原酶催化底物的氧化或还原，但反应时需要电子供体或受体。

---

①氧化酶类。该类酶催化底物脱氢，并氧化生成 H_2O_2 或 H_2O。

$$AH_2 + O_2 \rightleftharpoons A + H_2O_2$$

$$2AH_2 + O_2 \rightleftharpoons 2A + 2H_2O$$

上述在催化底物脱氢反应中，AH_2 表示底物，氧为氢的直接受体，其反应物脱下的氢不经载体传递，直接与氧化合生成过氧化氢或水。

②脱氢酶类。脱氢酶类直接催化底物脱下氢，其脱下氢的原初受体都是辅酶（或辅基），它们从底物获得氢原子后，再经过一系列传递体的传递，最后与氧结合生成水。

知识小链接

脱氢酶

脱氢酶是一类催化物质氧化还原反应的酶，在酶学分类中属于第一大类。反应中被氧化的底物叫氢供体或电子供体，被还原的底物叫氢受体或电子受体。当受体是 O_2 时，催化该反应的酶被称为氧化酶，其他情况下都被称为脱氢酶。不同的脱氢酶几乎都是根据其底物的名称而命名。

（2）转移酶类是催化分子间基团转移的一类酶，即把一种分子上的某一基团转移到另一种分子上。

在转移酶类中，不少为结合酶，被转移的基团首先结合在辅酶上，然后再转移给另一受体。例如催化尿嘧啶脱氧核苷酸甲基化的胸苷酸合成酶，该酶的辅酶还原态四氢叶酸从丝氨酸获得亚甲基形成携带亚甲基的四氢叶酸，后者再将该亚甲基转移至尿嘧啶脱氧核苷酸的尿嘧啶的 C_5，形成胸腺嘧啶核苷酸。

（3）水解酶类催化底物发生水解反应。这类酶大部分为胞外酶，分布广泛，数量多。水解酶类均属于简单酶类，其所催化的反应多为不可逆，包含水解酯键、糖苷键、肽键、醚键、酸酐键及 C—N 键等 11 个亚类。常见的水解酶有淀粉酶、蛋白酶、核酸酶、脂肪酶、磷酸酯酶。

基本
小知识

水解酶

水解酶是催化水解反应的一类酶的总称（如胰蛋白酶就是水解多肽链的一种水解酶）。也可以说，它们是一类特殊的转移酶，用水作为被转移基团的受体。

（4）裂解酶类催化底物分子中 C—C（或 C—O、C—N 等）化学键断裂，并移去 1 个基团或一部分，使一个底物形成 2 个分子的产物。

这类酶催化的反应大多数是可逆的，故催化这类反应的酶又称为裂合酶。例如糖酵解中的醛缩酶是糖代谢中的一种重要酶，它催化 1，6 - 二磷酸果糖裂解为磷酸甘油醛和磷酸二羟丙酮。此外，还有氨基酸脱羧酶、异柠檬酸裂解酶、脱水酶、氨基酸脱氨酶等。

知识小链接

裂解酶

裂解酶也称裂合酶类。裂合酶类催化从底物上移去一个基团而形成双键的反应或其逆反应。这类酶包括醛缩酶、水化酶及脱氨酶等。

（5）异构酶类催化底物的各种同分异构体之间的互变，即分子内部基团的重新排布。这种互变有顺反异构、差向异构（表异构），还有分子内部基团的转移（基团变位）、分子内的氧化还原等。

例如磷酸二羟丙酮异构化为 3 - 磷酸甘油醛：

磷酸二羟丙酮　　　　　　　　　　3-磷酸甘油醛

异构酶类所催化的反应都是可逆反应。

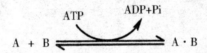

知识小链接

异构酶

异构酶亦称异构化酶，是催化生成异构体反应的酶之总称。它是酶分类上的主要类别之一。根据反应方式而分类。①结合于同一碳原子的基团的立体构型发生转位反应（消旋酶、差向异构酶），如 UDP 葡萄糖差向酶（生成半乳糖）；②顺反异构；③分子内的氧化还原反应（酮糖-醛糖相互转化等），如葡萄糖磷酸异构酶（生成磷酸果糖）；④分子内基团的转移反应（变位酶），如磷酸甘油酸变位酶；⑤分子内脱去加成反应（数字为酶编号的第 2 位数字）。

（6）合成酶类又叫连接酶类。催化两个分子连接起来，形成一种新的分子。其反应式如下：

$$A + B \underset{}{\overset{ATP \quad ADP+Pi}{\rightleftharpoons}} A \cdot B$$

这类酶在催化 2 个分子连接起来时，伴随着 ATP 分子中高能磷酸键的裂解，其反应不可逆。常见合成酶有丙酮酸羧化酶、谷氨酰胺合成酶、谷胱甘肽合成酶和胞苷酸合成酶等。

◆ 人体化学反应中的酶

在生物体内的酶是具有生物活性的蛋白质，存在于生物体内的细胞和组织中。作为生物体内化学反应的催化剂，不断地进行自我更新，使生物体内极其复杂的代谢活动不断地、有条不紊地进行。

酶的催化效率特别高（即高效性），比一般的化学催化剂的效率高$10^7 \sim 10^{18}$倍，这就是生物体内许多化学反应很容易进行的原因之一。

酶的催化具有高度的化学选择性和专一性。一种酶往往只能对某一种或某一类反应起催化作用，且酶和被催化的反应物在结构上往往有相似性。

一般在 37℃ 左右，接近中性的环境下，酶的催化效率就非常高，虽然它与一般催化剂一样，随着温度升高，活性也提高，但由于酶是蛋白质，温度过高，会使其失去活性（变性），因此酶的催化温度一般不能高于 60℃，否则，酶的催化

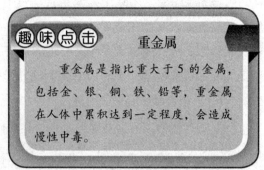

趣味点击　　重金属

重金属是指比重大于 5 的金属，包括金、银、铜、铁、铅等，重金属在人体中累积达到一定程度，会造成慢性中毒。

效率就会降低，甚至会失去催化作用。强酸、强碱、重金属离子、紫外线等的存在，也都会影响酶的催化作用。

人体内存在大量酶，结构复杂，种类繁多。到目前为止，在人体中已发现 3000 种以上（即多样性）的酶。例如米饭在口腔内咀嚼时，咀嚼时间越长，甜味越明显，这是米饭中的淀粉在口腔分泌出的唾液淀粉酶的作用下，水解成葡萄糖的缘故。因此，吃饭时多咀嚼可以让食物与唾液充分混合，有利于消化。此外，人体内还有胃蛋白酶、胰蛋白酶等多种水解酶。人体从食物中摄取的蛋白质必须在胃蛋白酶等作用下，水解成氨基酸，然后再在其他酶的作用下，选择人体所需的 20 多种氨基酸，按照一定的顺序重新结合成人体所需的各种蛋白质，这其中发生了许多复杂的化学反应。可以说，没有酶就没有生物的新陈代谢，也就没有自然界中形形色色、丰富多彩的生物界。

◎ 酶与疾病

随着对酶的研究发展，酶在医学上的重要性越来越引起了人们的注意，应用越来越广泛。下面分三个方面介绍。

（1）酶与某些疾病的关系。酶缺乏所致疾病多为先天性或遗传性，如白化病是因酪氨酸羟化酶缺乏，蚕豆病或对伯氨喹啉敏感患者是因 6 - 磷酸葡萄糖脱氢酶缺乏。许多中毒性疾病几乎都是由于某些酶被抑制所引起的。例如

常用的有机磷农药（如敌百虫、敌敌畏、1059 以及乐果等）中毒时，就是因它们与胆碱酯酶活性中心必需基团丝氨酸上的 1 个 −OH 结合而使酶失去活性。胆碱酯酶能催化乙酰胆碱水解成胆碱和乙酸。当胆碱酯酶被抑制失活后，乙酰胆碱水解作用受抑，造成乙酰胆碱堆积，出现一系列中毒症状，如肌肉震颤、瞳孔缩小、多汗、心跳减慢等。某些金属离子引起人体中毒，则是因为金属离子（如 Hg^{2+}）可与某些酶活性中心的必需基团（如半胱氨酸的 −SH）结合而使酶失去活性。

（2）酶在疾病诊断上的应用。正常人体内酶活性较稳定，当人体某些器官和组织受损或发生疾病后，某些酶被释放入血液、尿液或体液内。例如患急性胰腺炎时，血清和尿中淀粉酶活性显著升高；肝炎和其他原因肝脏受损，肝细胞坏死或通透性增强，大量转氨酶释放入血液，使血清转氨酶升高；心肌梗死时，血清乳酸脱氢酶和磷酸肌酸激酶浓度浓度明显升高；当有机磷农药中毒时，胆碱酯酶活性受到抑制，血清胆碱酯酶活性下降；患某些肝胆疾病，特别是胆道梗阻时，血清 r−谷氨酰移换酶浓度增高，等等。因此，借助血液、尿液或体液内酶的活性测定，可以了解或判定某些疾病的发生和发展。

（3）酶在临床治疗上的应用。近年来，酶疗法已逐渐被人们所认识，并广泛受到重视。各种酶制剂在临床上的应用越来越普遍，如胰蛋白酶、糜蛋白酶等，能催化蛋白质分解，此原理已用于外科扩创，化脓伤口净化及胸、腹腔浆膜粘连的治疗等。在血栓性静脉炎、心肌梗死、肺梗塞以及弥漫性血管内凝血等病的治疗中，可应用纤溶酶、链激酶、尿激酶等，以溶解血块，防止血栓的形成等。

拓展阅读

链激酶

链激酶是从 β−溶血性链球菌培养液中提纯精制而成的一种高纯度酶。它是白色或类白色冻干粉，易溶于水及生理盐水，其稀溶液不稳定。链激酶具有促进体内纤维蛋白溶解系统的活力，能使纤维蛋白溶酶原转变为活性的纤维蛋白溶酶，引起血栓内部崩解和血栓表面溶解。临床用于血栓性疾病治疗。

纤溶酶

　　纤溶酶（plasmin）是指能专一降解纤维蛋白凝胶的蛋白水解酶，是纤溶系统中的一个重要组成部分。体内凝血和纤溶两系统是相互依存的。机体一旦产生凝血反应，也几乎同时激活了纤溶系统，使体内多余的血栓移去，并通过负反馈效应使体内纤维蛋白原的水平降低，从而避免纤维蛋白的过多凝聚。

　　一些辅酶，如辅酶 A、辅酶 Q 等，可用于脑、心、肝、肾等重要脏器的辅助治疗。另外，还利用酶的竞争性抑制的原理，合成一些化学药物，进行抑菌、杀菌和抗肿瘤等的治疗。例如磺胺类药和许多抗生素能抑制某些细菌生长所必需的酶类，故有抑菌和杀菌作用；许多抗肿瘤药物能抑制细胞内与核酸或蛋白质合成有关的酶类，从而抑制肿瘤细胞的分化和增殖，以对抗肿瘤的生长；硫氧嘧啶可抑制碘化酶，从而影响甲状腺素的合成，故可用于治疗甲状腺功能亢进等。

人体精神生活中的化学

　　精神生活是指主要以直接的脑力活动为基础的日常生活。它是人们生活的重要内容，其有关化学研究涉及人的精神和生理活动的各个领域，如学习、娱乐、社会活动、休息等的机制，影响到个人的精神面貌、心理素质和全面发展。

脑和神经及有关功能的化学基础

本节主要论及神经冲动的化学传递和有关情绪与情感、动作与行为、学习与记忆、睡眠与醒觉等各种功能的化学特征。

◎ 脑和神经的一般化学

脑和神经系统中存在许多具有生物活性和药理活性的物质，它们的化学作用构成了极为丰富的各种人体功能的基础。这些有特殊作用的化学物质主要有神经递质和其他活性物质。

（1）神经递质。其作用是负责传递神经冲动，作为信使在中枢神经和各器官的效应细胞间进行信息传递，以调节有机体活动对外界刺激作出应答。传递兴奋信息的递质称为兴奋性递质，通常报告"好消息"；传递抑制信息的递质称为抑制性递质，有助于机体的镇静。当递质功能失调时就会引起精神活动异常甚至病变。有神经递质作用的活性物很多，但目前只对乙酰胆碱、多巴胺、去甲肾上腺素、5－羟色胺研究得比较深入。

（2）其他活性物质。这类物质除有神经冲动的传递作用外，还有其他多种生理效应，影响到心理活动和精神疾病，主要有氨基酸、脑肽等。

◎ 某些精神活动的化学

（1）情绪和情感。情绪和情感既是一种脑的功能，又是在种族进化过程中发生并在人类社会历史上发展的，都是指对外界刺激肯定或否定的心理反应，如喜、怒、哀、乐等。情绪代表感情性反映的过程，而情感则是具有较稳定而深刻含意的感情性反映。①忧郁是一种复合性消极情绪，同一般悲伤不同，忧郁更强烈，持续时间更长也更痛苦，它除包含悲伤外，并产生痛苦、愤怒、自罪感、羞愧等，可以转化为病态即躁郁症。②焦虑的特点是使人有一种脆弱感，由危险或威胁的预料或预感而诱发，由于对恐惧本身感到恐惧，失去自我调整能力，从而导致绝望，并具有真正的破坏性。例如一位外科医生在某次手术中发抖、出汗、感到快要窒息，从此不敢再上手术台而放弃了医生职业，因为他担心在手术中再次出现恐惧感。这是神经性焦虑症的典型症状。本病的神经生化特点是：自主神经系统被高度激活，去甲肾上腺素分泌过多；γ－氨基丁酸量减少，其作用受到抑制。治疗这两种病均与儿茶酚胺类递质分泌有关（一少一多恰相反），通常应首先保证宽松、舒适的环境，使患者从外在的宽松转变为内在的宽慰，即以心理治疗为主。药物和手段方面曾报告过抗抑郁剂如单胺氧化酶及三环类，能增强脑中去甲肾上腺素活动，有疗效；用β－受体阻滞剂如心得安，能改善焦虑症状，服用苯并二氮杂草化酶抑制剂，可强化γ－氨基丁酸的作用，也有抑制焦虑的效果；锂盐可有效地抗躁狂，也有预防忧郁症复发之效；电休克对上述两症均有一定疗效。

知识小链接

单胺氧化酶

单胺氧化酶（monoamine oxidase）为催化单胺氧化脱氨反应的酶，缩写为MAO，也有时称为含黄素胺氧化酶。单胺氧化酶作用于一级胺及其甲基化的二、三级胺，也作用于长链的二胺。对所谓生物胺，即酪胺、儿茶酚胺、5－羟色胺、去甲肾上腺素、肾上腺素等也有作用。可使儿茶胺类神经递质失活的酶，可用作抗抑郁症药物。单胺氧化酶在氧的参与下，催化一种单胺氧化，生成相应的醛、氨和过氧化氢。

（2）动作和行为。动作和行为是意志即精神活动的外部表现，动作指全身或身体一部分的活动，行为指受思想支配（有目的）而表现的整体外部活动。行为病变主要是引起精神分裂症。通常犒赏行为是人和动物的正常神经生理机能，与人的目的性思维及愉快体验有关，当人脑犒赏系统功能有障碍时，就会出现无目的的行为即精神分裂症，而犒赏系统就是脑内去甲肾上腺系统，当此系统受进行性损害时，构成精神分裂症的主因。

知识小链接

精神分裂症

精神分裂症是一种精神科疾病。它是一种持续、通常慢性的重大精神疾病，是精神病里最严重的一种，是以基本个性，思维、情感、行为的分裂，精神活动与环境的不协调为主要特征的一类最常见的精神病，多青壮年发病，进而影响行为及情感。精神分裂症之主要征兆被认为是基本的思考结构及认知发生碎裂。这种解离现象据信会造成思考形式障碍并导致无法分辨内在及外在的经验。

（3）学习与记忆。学习指新知识、新行为的获得，记忆指所获得的知识和行为的保持及再现。已知某些中枢神经递质及生物活性物质可促进或干扰学习性条件反射的形成和巩固，并认为记忆分子可能是蛋白质、脑肽或核糖核酸。

（4）睡眠与醒觉。这是大脑的两个周期性相互转化的生理过程，在维持正常精神活动中起重要作用。睡眠不单是体力或脑力的恢复过程，对学习和记忆及其他活动也起积极作用。醒觉是意识活动的基础，它保证意识的清晰状态，并使精神活动得以正常进行。

睡眠：20世纪70年代以来，科学家对睡眠进行了深入研究，发现睡眠分为有梦睡眠和无梦睡眠。睡眠不是躯体肌肉的完全休息，因为在有梦阶段眼肌在快速运动（比醒觉时还快）；已知在有梦阶段脑蛋白质合成增加，因此它的功能主要与学习有关，在该阶段脑在进行积极的功能活动，把醒时（白天）学到的新知识贮存在新合成的蛋白质上。已知正常睡眠前口服5－羟色氨酸，能使有梦睡眠阶段延长，因而可以利用此法改善记忆能力，治疗某些智能障碍疾病。所以睡眠的两种状态的发现有重要意义。

睡眠的调节：为什么会睡，既然睡了为什么会醒？这是因为调节作用。睡眠因子将剥夺睡眠的动物的脑脊液注入清醒动物的脑中，引起睡眠，并表现为慢波，说明此体液中含有睡眠因子，为分子量在350～700的肽类。还发现生长激素可以产生有梦睡眠，而中脑网状结构灌注液可特异地增加无梦睡眠。所以这两个阶段的睡眠因子不同；醒觉因子亦存在于脑脊液中，为含谷氨酸的肽类，可使动物出现激惹行为，活动明显增强达数日。

🔾 积极的神经活动

愉快的心理、持久的耐心、协调的节奏等是日常生活中有重要意义的积极精神活动，也是人体（特别是人脑）的基本生理功能。认识它们的生化依据（虽然目前研究远未成熟），可以提高人们的自觉性，发扬进取心并充实自己的生活。

◎ 愉快的心理

这里所说的愉快不等同于日常用语中的由优越生活条件提供的快感（即享乐），而是指"心理上的享受"或舒适感。

（1）这是一个社会性极强的概念，它通常包含着对事业的信心、乐观的情绪、豁达的胸怀、可靠的安全感等。就生理、心理和化学而言，则通常包括：①感觉愉快。例如在持续一段紧张的考试、繁忙的工作之后，于周末从拥挤嘈杂的城市来到山清水秀的郊外，使人产生心旷神怡之感。②动力愉快。人们在生活中实现了自己的目标，会在内心里不自觉地呼唤"我胜利了"，就是这种心境。③活动愉快。例如节日晚会、家人团聚以及各种娱乐引起的欢欣。

（2）愉快的心理是人类赖以生存的最基本的心理要素。如果一个人的心灵被痛苦啃噬，就会感到继续生活将失去意义。但人类生理和生化活动为愉快的心理提供了坚实的科学基础，也就是说人生的本质是愉快的，只要一个人正常地开发自己的潜力，就能充实地生活，并愉快地渡过一生。

◎ 愉快和悲痛的化学机制

（1）愉快。①食物影响对神经功能的作用的研究表明，精神抑郁主要由脑中神经递质5－羟色胺不足引起。5－羟色胺不足又由于食物中缺乏色氨酸或脂肪过高，使色氨酸不能进入脑中（脂肪和蛋白质比例失调时，蛋白质的吸收受阻）转化为 5 - 羟色胺。②血糖值是另一个影响心情的重要因素。因为脑功能维持最佳状态需要不断供给葡萄糖，血糖低于正常水平时人就感到不舒畅，所以充分的营养并且防止低血糖症（与肝功能的正常有关）是心情愉快的重要条件。③肾上腺皮质功能不足使多种脑肽不能很好地分泌，影响个体的镇痛及兴奋功能。许多慢性病如贫血、甲状腺疾患、臆想症（稍有不适就大惊小怪，害怕发展成为不治之症）等会使情绪低落和工作能力下降。

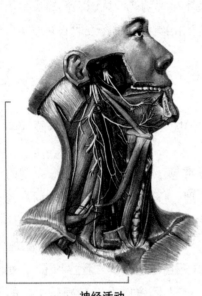

神经活动

（2）悲伤是痛苦难以忍受时的表情，由心理上不愉快的刺激引起。前述引起不愉快的物质因素如神经递质 5 - 羟色胺分泌不足、血糖值低，某些激素功能减弱，均导致悲伤。

（3）疼痛。疼痛是使人感受痛苦的重要原因。①分类：机体的疼痛有刺痛（皮肤浅层）、灼痛（体表受热）、酸痛（深部位的肌肉及关节）及内脏（肝、胃、头等特定器官）痛。②机制：痛是机体的保护性反应，旨在使机体除去痛源。痛感受器广泛存在于皮肤表层、骨膜、动脉壁和关节面的游离神经末梢，损伤的细胞可释放蛋白分解酶，继而立刻从组织液的球蛋白分裂出活性物质缓激肽和前列腺素，刺激痛感受器；肌肉的酸痛则由于供氧不足使肌肉糖元生成的乳酸积累引起；内脏痛的原因很复杂，其中机械压迫如瘤的生长挤压附近的组织，妨碍其正常舒张和收缩等，是一个重要方面。③信号传递：已知缓激肽和前列腺素有强烈致痛作用，动物皮下注射少许缓激肽就难以忍受；而前列腺素能增强受痛部位的血液循环，引起红肿并导致炎症，还吸引抗感染的血球，使疼痛进一步加剧。20 世纪 70 年代以来，人们才搞清阿司匹林的药效是通过抑制人体产生前列腺素来减轻痛感（当然它也有杀菌以清除致病源的作用）。

🔻 精神的病态或消极因素

由服用某种毒品或由于特定原因引起的精神活动异常以及足以造成神经损害的因素，构成精神生活的消极面（而不是精神病），主要有致幻药物及神经性毒物和其他物质及心理影响等。

◎ 致幻药物和神经性中毒药物

某些药物能使人体产生知觉障碍，实质是使神经冲动（即电信号）沿神经系统的传递致误或改性。

（1）致幻药物：又称致幻剂，它们干扰神经功能，特别是对视觉或其他外界刺激产生怪异甚至歪曲的理解，可以破坏人的判断力。在致幻作用下，高度灼热以及飞驶的货车好像对人都没有危险似的，而且有一种欣快的感觉。这类药物只需微量（50~200毫克）即可使服用者处于"迷幻"状态8~16小时，过量服用会使人"癫狂"。①苯乙胺类——南美仙人掌毒碱。它是南美仙人掌浸膏中的主要成分，可引起高血压、焦虑、忽冷忽热感、瞳孔扩大和皮肤发冷及抑郁、恐惧、妄想、惊慌等，它在脑中与髓磷质紧密结合而以神经末梢最多。②苯丙胺——它可使个体产生多种幻觉，伴有妄想观念，并引起刻板行为，某些苯丙胺衍生物的毒性为南美仙人掌毒碱的100倍。②吲哚衍生物——二甲色胺。它是南美鼻烟的重要成分，除致多种幻觉外，还可使患者情绪激动而紧张、妄想、失语等；二甲色胺还可能是一种内源性分裂毒素，即可由人体自身产生。正常情况下色氨酸在吲哚途径中可产生色胺衍生物，并可在体内单胺氧化酶催化下降解，但如果该过程受阻则毒物可积累。麦角生物碱天然存在于麦角碱中，主要成分为麦角酸二乙酰胺（LSD），很小剂量（25~100毫克）即可引起明显症状（称LSD症）。特征为视错觉强烈，感到颜色中有声音或音乐，以及紧张性木僵。放射性元素标记研究表明，它集中于肠、肝、肾，而不进入大脑。③大麻酚——主要存在于印度大麻中，具有三环结构，以四氢大麻酚活性最强，幻视是其主要症状，常看到流动的或斑块状颜色，有欣快动作如不可控制的狂笑、惊慌、嗜睡如醉酒。

基本
小知识

苯乙胺

当人的情绪发生变化时，大脑中的间脑底部会分泌一系列化合物，其中就有化学物质苯乙胺。苯乙胺为重要的医药和染料中间体，在医药上主要用于合成兴奋药、抗抑郁药等。

（2）神经性毒物：分慢性致毒和急性致毒两类。前者有致幻作用，使服用者产生快感，久而影响各项生理功能；后者则迅速引起神经系统机能严重障碍，毒性强，作用快，多用于化学战。①慢性毒物：鸦片。它是从尚未成熟的罂粟果里提取的乳状汁液，是生物碱混合物。它还有一个漂亮的名字叫阿芙蓉，因为其母体罂粟的花呈美丽的红色。使用时，能使人气血耗竭、中毒而亡。海洛因是由鸦片中提炼出的生物碱精品（$C_{21}H_{23}O_5N$），俗称白面，其神经致毒性超过鸦片，对人体损害最严重，吸食者最多，堪称毒品之王。毒品会对人的身体和精神产生很大的伤害，应该远离。

②急性毒物：抗胆碱类。例如番木鳖碱、箭毒碱，极少量即可刺激神经和肌肉，产生心搏异常及血压升高，可使皮肤上的感觉神经末梢失活而痉挛；可使口腔及喉咙极度干渴等。通常神经电信号传递的主要反应是胆碱酯酶把乙酰胆碱分解成乙酸和胆碱，在有钾、镁离子存在时，乙酰酯酶在电信号传入的神经末梢内又将乙酸与胆碱重新合成为乙酰胆碱，新的生成物又可用于传递另一神经冲动。但在本类毒物存在下，由于它们作用于细胞膜，改变细胞渗透性，影响无机离子的功能，又由于它们可使胆碱酯酶失效，阻止乙酰胆碱分解而积累，从而过分刺激神经、腺体和肌肉，导致不规则心率加速甚至死亡。化学战毒剂指用于战争目的的有毒化学物质，通过皮肤、眼睛、呼吸道、消化道和伤口使个体中毒，按症状通常分为糜烂性（皮肤痒痛难耐、溃疡）、催泪性（流泪、畏光以致角膜穿孔）、窒息性（鼻咽痒痛、剧烈咳嗽、呼吸困难）及其他刺激性（舌尖麻木、瞳孔缩小，严重恶心呕吐、昏厥、大小便失禁、呼吸停止）等，均系损害神经或破坏其有关功能所致。常见的

这类毒剂多为砷、磷类有机物（它们大多作为杀虫剂）。

胆　碱

胆碱是一种强有机碱，是卵磷脂的组成成分，存在于神经鞘磷脂之中，是机体可变甲基的来源，同时又是乙酰胆碱的前体。人体也能合成胆碱，所以不易造成缺乏病。它的效用广泛，可以控制胆固醇的积蓄；有效防止年老记忆力的衰退；具有促进肝脏机能的作用，可以帮助人体的组织排除毒素和药物等。另外，它已成为人类食品中常用的添加剂。

◎ 特定原因引起的精神异常

（1）物质因素，除前述药物的毒性外，引起精神病态的主要物质因素有低血糖症和酗酒等。

低血糖症。因为脑的唯一营养源是血糖，当葡萄糖供应不足时，大脑的功能就敏锐地受到影响。其主要症状是脉搏快、颤抖、饥饿感、心情不舒畅和精神错乱，许多人都能忍受食物的大幅度减少，但有些人不行（与下列控制血糖功能之一的缺损有关）。控制血糖的因素是，下丘脑外侧的进食中心对血糖浓度敏感，当血糖值低时或温度降低时，就会发出饿的信号，如果其功能受到损害，饿也不想吃，就会导致厌食，最终饿死；激素释放，当血糖值降低时大脑会触发那些抵抗低血糖的激素释放（如胰高血糖素、促肾上腺皮质激素、生长素等，它们都使血糖值升高）；下丘脑中下区有饱感中心，亦对血糖值敏感，但与进食中心作用相反，当血糖值高时，该中心活力加剧，关闭食欲闸门。造成这种情况是由于肾上腺皮质激素缺乏。由于发烧、手术、肺结核等，使肾上腺皮质衰竭，因而激素少，使饥饿时蛋白质转化成葡萄糖速度降低；营养不协调，进餐少血糖低，高蛋白及高碳水化合物膳食过量刺激，胰岛素分泌过多，旋即引发抑制胰岛素分泌，于是血糖值先升高而后再降下来，肾脏及肝脏病变，不能促使蛋白质及肝糖转化为血糖。

酗酒，是指酒精的慢性中毒。各人的酒量与体内乙醛水解酶量有关。据研究，东方人据有该酶量较低，故不如西方人酒量大。乙醇可作用于大脑，使其麻痹，血管的收缩力减弱而流向体表的血液量增多，故皮肤发红，使酗酒者有美的陶醉感并失去冷的刺激，严重者可冻死路旁。乙醇主要作用于大脑中心的皮质（此皮质控制人的本能），使人心情爽快、感觉安稳，因而某些病症如低血糖或心理痛苦带来的烦恼可用饮酒消除，使日常的紧张得以缓解，所以适量饮酒有益。但当过量时，乙醇会抑制脑干网状结构，限制大脑外层皮质（控制人的理性）功能，于是发生酒后哭笑失常、语言失控等。酒精中毒抑制肝脏将肌糖分解而生的乳酸转化成葡萄糖的过程，使低血糖症进一步加剧，因而"借酒浇愁愁更愁"。

脑细胞缺氧。其实氧是人体最重要的营养成分，大脑对氧的浓度变化极为敏感，人体氧的代谢机制已如前述（见忍耐的限度和潜力），这里强调脑缺氧的影响。

（2）心理及其他因素

心理因素。指环境的变化通过心理的影响而引起精神病态。例如事业、考试、婚恋的失败，火灾、地震或其他恐怖经历，能引起激动、震颤、攻击行为、呼吸异常、排尿不正常、淡漠等神经官能症。这是由于个体对外界刺激引起的情感变化的适应能力不同，当超强的兴奋、过度紧张地变换兴奋与抑制时，就会刺激各种激素的异常分泌，造成条件反应紊乱，从而导致一系列生理变化，如心搏加速、血压升高、瞳孔扩大，最终引起全面的精神崩溃。又如孤独感，这是由社会隔离引起的，常见于难民、孤儿，主要症状为偏执、怀疑、焦虑、自罪感强烈并常有自杀企图；极端的隔离可导致白痴，如一些脱离人类社会和动物一起生活的孩子（印度的狼孩、虎孩、猴孩）不会说话、四肢爬行、多毛、生食，主要由于其消化器官及大脑功能均已显著改变。

其他因素，如疲劳、衰竭、生气等是导致精神异常甚至病变的重要因素。

👁‍🗨 人的各种情绪依据的化学原理

◎人为什么会紧张

紧张是指人的精神处于高度戒备状态，其心理特点是激烈、紧迫、不安。紧张来源于人的攻击行为和对对手的戒备，是为采取进攻或防守进行的动员，是人在进化的生存竞争中形成的极其重要的自然心态，没有紧张感就不能生存。但是过度的紧张，会患上紧张症，使人僵化、呆滞。

通常的精神紧张由肾上腺素分泌过多引起。为了应付外界压力，中枢神经系统加强活动，需要消耗更多的能量，必须将脑血糖值提高，而释放肾上腺素有助于达到此目的。

紧张症则是精神失态，与中枢神经某部位的致毒有关。中枢神经系统的内源性鸦片类似物，尤其是β-内啡呔产生过多，可能是紧张，甚至是某些精神病的患病原因。

◎人为什么会笑

笑的方式很多，有微笑、大笑、冷笑、嘲笑等，是最常见的某种精神活动的反映。笑通常可分为生理性（如挠脚心、胳肢窝）和精神性两类。

笑是面部（特别是嘴边）肌肉痉挛运动的结果，大都牙齿外露，这就表明此时不是咬牙切齿，所以笑是人类为解除紧张感而相互联系的手段。笑这种生理反应也与进化有关。对于动物来说，呲露牙齿一般是进攻性的表现，然而人类需要有联络群体而表示自己不想做出防卫的方法，于是笑的内容得到丰富和发展。笑的时候，仅在口腔周围显示其攻击性，但身体的其他部分都解除了进攻态势，处于松弛状态。尽管从嘲笑不如自己的人发出的笑声中，依然能清晰辨别出笑所具有的攻击性，但总的说笑是友好的表示。在猴、犬那里，也能看到类似笑的表情。

笑一般是与愉快联系的，受中枢神经边缘大脑皮层（杏仁核外侧区）的控制，与多巴胺及去甲肾上腺素的分泌增强有关。例如服用苯丙胺使人激动，其脑内机制是促进多巴胺的释放。去甲肾上腺素从酪氨酸中衍生，让精神抑郁者服用酪氨酸，其沮丧症状显著消除。也有报道称机体放松、心情舒畅与脑内肽分泌有关，已证实大脑可产生 30 多种脑肽，其中吗啡类镇痛物质作用强烈。运动、精神放松法（静坐、柔美的音乐）、开怀的大笑、忘情的欢快均有益于提高脑肽的含量。

另一种与笑有关的物质因素是血糖值。脑功能的最佳状态需要充分的葡萄糖，以启动激素的分泌，并增加由色氨酸转化的 5－羟色胺。所以丰富的营养是精神愉快的物质基础。

笑还与呼吸有关。微笑主要由表情肌运动引发，抿住嘴唇，稍有弧度；大笑则是嘴巴张开，伴有短促的呼气冲击，这是为了提高笑的响度。大笑时腹肌收缩，导致腹腔压力增高，使声门断续运动；"憋笑"（想笑而又不能笑）则会进一步发展，导致全身性痉挛，以致于到腹部疼痛的程度。氧化亚氮（N_2O）能令人捧腹大笑，被称为笑气，有麻醉镇痛作用，除刺激激素分泌外，还与呼吸运动有关。

◎人为什么会流眼泪

泪液是眼中泪腺分泌的一种特殊体液，其作用是润滑眼组织，维持眼球的压力以保持其充胀，洗涤眼膜、杀菌和排出进入眼内的灰尘等异物，每天约排出 50 毫升，除含钠、钾、铵、氯离子外，还含有脂质、溶菌酶，特别是含有 0.2% 的锌和一些神经递质如亮氨酸脑啡肽、促乳素，以及具有免疫功能的蛋白质。

泪液分泌的控制中枢在下丘脑，与感情调节有关。尽管人在极度高兴时会流泪，但更多是在悲伤时哭泣。哭泣这一生理现象是大脑的神经活动引起的，可以促进人的内分泌，并且是对于精神打击的一种保护性反应。研究人员指出："流泪可以减轻人的痛苦，如果强忍自己悲伤的眼泪，就等于是在慢性自杀。"实验表明，当人的感情处在悲伤和压抑时，血液中的蛋白质发生变化，也影响到泪水中有关成分的变化。目前关于悲伤及泪液流出的机制尚不清楚，疼痛是悲伤以致流泪的一个原因，但心理上的打击、心灵即精神上的创伤更为重要。

泪液的分泌实际上是从不间断的，除防止眼睛干涩外，还向角膜供氧并回收二氧化碳等排泄物，最终流入鼻腔，成为鼻涕。

◎ 人为什么爱欣赏音乐

鼓乐最早在军队中兴起，一位军事家曾说，一个乐队顶得上好几个师；音乐具有增强体育锻炼的效果；对头昏、失眠、多梦、心烦等 15 种精神或心理性疾病，音乐有明显疗效，被称为音乐疗法；超级市场播放节拍合适的音乐，购买量可能大增。在各种场合，音乐能根据需要造成热烈或宁静、兴奋或肃穆、浪漫或庄严的不同气氛。研究表明，音乐之所以对人的机体产生举足轻重的影响，是由于强迫性节律反应，即音乐会导致既定频率的脑生物电流改变，从而引起人的精神反应发生变化。

人的机体的节律受位于下丘脑节律中心的控制，在各器官及组织的活动节律中，心搏最为重要，从胎儿时代起，人就留下了心搏的深刻印象。健康人的脉搏节律为 60~70 次/分，60 拍/分的音乐与人的正常生理节律合拍，最有利于保持身心平衡，促进血流、呼吸的平稳；慢于 60 拍/分的催眠曲，有抑制延缓生理节奏的作用；快于这个节拍的，则有兴奋生理进程之功效。当到 120 拍/分时，机体内活性物质被激发，多巴胺、儿茶酚胺、乙酰胆碱等的分泌增加，形成如迪斯科的快节奏。

音乐的振动，即物理能量周期地有规律地传入机体后，首先作用于神经细胞，使脑内大部分组织的生物电流呈同步化，起到对细胞按摩的作用。研究人员发现，不同的旋律、不同的乐器奏出的不同曲调，对各人的血液循环的作用不同，其中影响最大的是风琴的乐音。研究还发现，奏古典乐曲为主的队员，大都心情平稳愉快；而奏现代通俗明快乐曲的，60% 性情急躁，22% 消沉，10% 神经过敏。因此，声音传入不当变成噪声时，使机体不适，导致失眠、头痛、腹泻。此外，在"背景音乐"即微音量（50 分贝以下）的轻音乐中，人体各种功能会发挥极佳效果，工作、学习、记忆和思维能力随之提高。

兴奋剂及兴奋剂的检测方法

1988 年韩国举办的奥运会上一位选手的金牌被取销。由此引起了全世界运动员和社会公众对兴奋剂应用及其检测的关注。

◎ 什么是兴奋剂

兴奋剂是指用来提高运动成绩的滥用药物，其特点是短期导致兴奋或抗疲劳，因而造成成绩提高的假象。兴奋剂的主要功能有：直接作用于中枢神经系统，引起兴奋，取得爆发力；降低心律，稳定情绪，有镇静作用，有利于精细作业如射箭及射击；局部麻醉，使运动器官失去疲劳和痛觉，有利于耐久性项目；改变体重，如利尿剂可使体重减轻，有利于举重、拳击等档次性项目。

基本小知识

中枢神经系统

中枢神经系统是神经系统的主要部分。其位置常在人体的中轴，由明显的脑神经节、神经索或脑和脊髓以及它们之间的连接成分组成。在中枢神经系统内大量神经细胞聚集在一起，有机地构成网络或回路。中枢神经系统是接受全身各处的传入信息，经它整合加工后成为协调的运动性传出，或者储存在中枢神经系统内成为学习、记忆的神经基础。人类的思维活动也是中枢神经系统的功能。

◎ 检测方法

（1）样品采集：收集应测者的尿样，并进行 pH 值、比重、颜色的初检；pH 值应正常偏酸（如碱性，则多含生物碱），比重如低于 1.01，则水分多，可能服用利尿剂。

（2）尿样。筛选用气相色谱法检测，因为大多数药物均系含氮、磷者，如麻黄素、苯丙胺等；利尿剂用高效液相色谱法筛选。

（3）确证用色质联用技术进行。

◎ 某些兴奋药物的作用机制

（1）左旋多巴，系多巴胺及去甲肾上腺素的前体，能提高脑内多巴胺的含量，引起强烈嗅觉，与目的性行为及自我刺激行为有关。可出现兴奋、激动症状与对抗意识、性欲亢进及狂躁。

（2）单胺氧化酶抗抑郁剂类，包括异丙乙肼、苯乙肼、超苯环丙胺等。它们使脑内神经元中的单胺氧化酶活性受抑制，从而妨碍单胺类的脱氨降解，使可利用的单胺类递质增多，导致人的兴奋激动；并且

拓展阅读

苯丙胺

苯丙胺（Amphetamine）是一种中枢兴奋药（苯乙胺类中枢兴奋药）及抗抑郁症药。因静脉注射具有成瘾性，而被列为毒品（苯丙胺类兴奋剂）。它与麻黄碱相似，但对中枢神经的兴奋作用较强，用于发作性睡眠病、麻醉药及其他中枢抑制药中毒、精神抑郁症等。

伴有脑内去甲肾上腺素和 5－羟色胺水平升高，又有抑制抑郁效应，使人进一步产生"疯劲"。

（3）苯丙胺，促使多巴胺释放并阻止其再摄取，使个体产生多种幻觉，有妄想观念。

▶ 毒品及毒品对人体的危害

毒品一般是指使人形成瘾癖的药物。这里的药物一词是个广义的概念，主要指吸毒者滥用的鸦片、海洛因、冰毒等，另外还包括具有依赖性的天然植物、烟、酒和溶剂等，与医疗用药物是不同的概念。

制毒物品是指用于制造麻醉药品和精神药品的物品。毒品有些是可以天

然获得的，如鸦片就是通过切割未成熟的罂粟果而直接提取的一种天然制品。但绝大部分毒品只能通过化学合成的方法取得，这些加工毒品必不可少的医药和化工生产用的原料就是我们所说的制毒物品。因此，制毒物品既是医药或化工原料，又是制造毒品的配剂。

◎ 吸毒对身心的危害

拓展阅读

精神依赖性

精神依赖性又称心理依赖性，是指药物使人产生一种心满意足的愉快感觉，因而需要定期地或连续地使用它以保持那种舒适感或者为了避免不舒服。凡能引起令人愉快意识状态的任何药物即可引起精神依赖性。

（1）对身体产生依赖性。毒品作用于人体，使人体体能产生适应性改变，形成在药物作用下的新的平衡状态。一旦停用药物，生理功能就会发生紊乱，出现一系列严重反应，称为戒断反应，使人感到非常痛苦。用药者为了避免戒断反应，就必须定时用药，并且不断加大剂量，使吸毒者终日离不开毒品。

（2）产生精神依赖性。毒品进入人体后作用于人的神经系统，使吸毒者出现一种渴求用药的强烈欲望，驱使吸毒者不顾一切地寻求和使用毒品。一旦出现精神依赖后，即使经过脱毒治疗，在急性期戒断反应基本控制后，要完全康复原有生理机能往往需要数月甚至数年的时间。更严重的是，对毒品的依赖性难以消除。这是许多吸毒者在一而再、再而三复吸毒的原因，也是世界医药学界尚待解决的课题。

（3）毒品危害人体的机理。我国目前流行最广、危害最严重的毒品是

海洛因

海洛因，海洛因属于阿片肽药物。在正常人的脑内和体内一些器官，存在着内源性阿片肽和阿片受体。在正常情况下，内源性阿片肽作用于阿片受体，调节着人的情绪和行为。人在吸食海洛因后，抑制了内源性阿片肽的生成，逐渐形成在海洛因作用下的平衡状态，一旦停用就会出现不安、焦虑、忽冷忽热、起鸡皮疙瘩、流泪、流涕、出汗、恶心、呕吐、腹痛、腹泻等。这种戒断反应的痛苦，反过来又促使吸毒者为避免这种痛苦而千方百计地维持吸毒状态。冰毒和摇头丸在药理作用上属中枢兴奋药，毁坏人的神经中枢。毒品侵蚀人的身体与精神，应主动远离。

🔘 烟草对人体的危害

香烟中含有大量的化学物质，绝大多数对人体有害。首先我们来了解一下每根香烟的几种主要成分。

🔹◎尼古丁

尼古丁是一种与海洛因、可卡因一样容易上瘾的化学物质。当你吸烟时，尼古丁只需 10 秒钟就可进入你的大脑，使你心跳加快，增加你患上心脏病的危险，同时使你在不吸烟时引发脱瘾症状。

🔹◎一氧化碳

一氧化碳为汽车排出的有害气体，可取代人体内 15% 由红血球负责输送的氧气，造成气喘、体力不足。它也会损害血管内壁，导致动脉粥样硬化加重，脂肪沉积在血管壁上，加重血管阻塞，增加心脏病突发的可能性。

🔹◎焦　油

焦油是用来铺马路的物质。它含有很多致癌物质和其他化学物质，包括丙酮、砒霜、甲基醛、氨等 4000 余种有害物质与致癌物质。

拓展阅读

焦 油

　　焦油又称煤膏，是煤干馏过程中得到的一种黑色或黑褐色黏稠状液体，具有特殊的臭味，可燃并有腐蚀性。它是一种高芳香度的碳氢化合物的复杂混合物。

　　香烟中这些物质不但可以引起咽喉炎、支气管炎，而且有致癌的作用。吸烟还可以促进动脉粥样硬化和溃疡等多种疾病的发生。

　　烟草对大脑的影响：尼古丁通过肺黏膜和口腔黏膜扩散到全身，进入大脑之后，尼古丁能模仿乙酰胆碱这种中神经传递物质作用，同许多神经原表面的尼古丁受体结合在一起。尼古丁对中枢神经系统具有刺激作用，在"奖赏回路"内作用尤为明显。它能通过激活相关神经来释放更多的多巴胺。而烟草中所含的哈尔明和降哈尔明则能通过一直分解酶的活动，使神经突触内的多巴胺、血清素和去甲肾上腺素保持在高浓度水平。随着多巴胺、血清素和去甲肾上腺素保持的作用得到强化，人的清醒程度就更高、注意力更为集中，从而更能缓解忧虑，忍耐饥饿。另外烟草可导致恶心、眩晕、头痛。

　　耐受性和依赖性：经常吸烟会使大脑中的尼古丁含量始终处于很高水平。神经原受体对尼古丁越来越不敏感，对多巴胺释放的刺激作用也出现减弱，原来的烟量再也不能满足吸烟者的快感，吸烟者由此对尼古丁产生耐受性。当吸烟者停止吸烟数小时（睡眠时间）后，体内尼古丁含量出现下降，神经原受体变得异常敏感。此时乙酰胆碱的活性超出正常水平，使吸烟者变得烦躁，并很想抽烟。这时候吸烟会过度刺激神经原受体，并促使多巴胺大量释放。通过这一现象，我们可以明白为什么每天的第一支烟能给"老烟枪"带来莫大的快感，

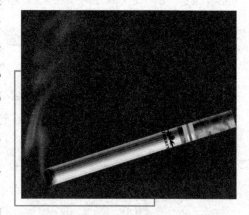

烟 草

吸烟者也因此陷入烟瘾增强的恶性循环。

饮茶对人体的好处

◎ 六大茶类

中华文化源远流长，作为人们日常生活必需的饮品，茶在漫长的历史长河中形成了具有浓郁特色的茶文化。按照其不同的加工方法可分为 6 大类。

（1）绿茶是我国产量最多的一类茶叶，其花色品种之多居世界首位。绿茶具有味醇、形美、耐冲泡等特点。其制作工艺都经过杀青—揉捻—干燥的过程。由于加工时干燥的方法不同，绿茶又可分为炒青绿茶、烘青绿茶、蒸青绿茶和晒青绿茶。我国 18 个产茶省（自治区、直辖市）都生产绿茶，每年出口数万吨，占世界茶叶市场绿茶贸易量的 70% 左右。我国传统绿茶——眉茶和珠茶，深受国内外消费者的欢迎。

（2）红茶与绿茶的区别在于加工方法不同。红茶加工时不经杀青，而且萎凋，使鲜叶失去一部分水分，再揉捻（揉搓成条或切成颗粒），然后发酵，使所含的茶多酚氧化，变成红色的化合物。这种化合物一部分溶于水，一部分不溶于水而积累在叶片中，从而形成红汤、红叶。红茶主要有小种红茶、工夫红茶和红碎茶 3 大类。

（3）青茶（乌龙茶）属半发酵茶，即制作时适当发酵，

趣味点击　眉　茶

眉茶，属绿茶类珍品之一。外形条索紧结、匀整、灰绿起霜、油润、香高味浓。因其条索纤细如仕女之秀眉而得名。眉茶起源于安徽、浙江、江西三省交界处安徽省的休宁、屯溪、黟县、歙县，江西省的婺源和浙江省的淳安、建德、开化一带。中国各产茶省均有眉茶生产，其中以浙江、安徽、江西三省为主。眉茶是中国产区最广、产量最高、销区最稳、消费最普遍的茶类。

绿 茶

使叶片稍有红变，是介于绿茶与红茶之间的一种茶类。它既有绿茶的鲜浓，又有红茶的甜醇。因其叶片中间为绿色，叶缘呈红色，故有"绿叶红镶边"之称。

（4）白茶是我国的特产。它加工时不炒不揉，只将细嫩、叶背满茸毛的茶叶晒干或用文火烘干，而使白色茸毛完整地保留下来。白茶主要产于福建的福鼎、政和、松溪和建阳等县，有"银针""白牡丹""贡眉""寿眉"等种类。

（5）黄茶。在制茶过程中，经过闷堆渥黄，因而形成黄叶、黄汤。分"黄芽茶"（包括湖南洞庭湖君山银芽，四川雅安、名山县的蒙顶黄芽，安徽霍山的霍内芽）、"黄小茶"（包括湖南岳阳的北港、湖南宁乡的沩山毛尖、浙江平阳的平阳黄汤、湖北远安的鹿苑）、"黄大茶"（包括广东的大叶青、安徽的霍山黄大茶）三类。

（6）黑茶。原料粗老，加工时堆积发酵时间较长，使叶色呈暗褐色。像云南的普洱茶就是其中一种，还有湖南的"黑茶"，湖北的"老青茶"，广西的"六堡茶"，四川的"西路边茶""南路边茶"，云南的"紧茶""扁茶""方茶"和"圆茶"等品种。

趣味点击　珠 茶

珠茶，是"圆炒青"的一种，又称"平炒青"，因起源于浙江省绍兴县平水镇而得名，精制成出口茶称珠茶或称"平绿"。珠茶主要产于绍兴、余姚、嵊州、新昌、鄞州、上虞、奉化、东阳等县。产区境内山岭盘结，林木益翠，土壤肥沃，气候温湿，自然条件得天独厚。珠茶被誉为"绿色的珍珠"，主销西北非，美国、法国也有一定的市场。

◎ 饮茶的好处

（1）有助于延缓衰老。茶多酚具有很强的抗氧化性和生理活性，是人体自由基的清除剂。据有关部门研究证明，1毫克茶多酚清除对人肌体有害的过量自由基的效能相当于9毫克超氧化物歧化酶（SOD），大大高于其他同类物质。茶多酚有阻断脂质过氧化反应，清除活性酶的作用。据试验结果证实茶多酚的抗衰老效果要比维生素E强18倍。

（2）有助于抑制心血管疾病。茶多酚对人体脂肪代谢有着重要作用。人体的胆固醇、三磷酸甘油脂等含量高，血管内壁脂肪沉积，血管平滑肌细胞增生后形成动脉粥样化斑块等心血管疾病。茶多酚，尤其是茶多酚中的儿茶素ECG和EGC及其氧化产物茶黄素等，有助于使这种斑状增生受到抑制，使形成血凝黏度增强的纤维蛋白原降低，凝血变清，从而抑制动脉粥样硬化。

趣味点击　茶多酚

　　茶多酚（Tea Polyphenols）是茶叶中多酚类物质的总称，包括黄烷醇类、花色苷类、黄酮类、黄酮醇类和酚酸类等。其中以黄烷醇类物质（儿茶素）最为重要。茶多酚又称茶鞣或茶单宁，是形成茶叶色香味的主要成分之一，也是茶叶中有保健功能的主要成分之一。研究表明，茶多酚等活性物质具有解毒和抗辐射作用，能有效地阻止放射性物质侵入骨髓，并可使锶-90和钴-60迅速排出体外，被医学界誉为"辐射克星"。

（3）有助于预防癌症和抗癌。茶多酚可以阻断亚硝酸铵等致癌物质在体内合成，并具有直接杀伤癌细胞和提高肌体免疫能力的功效。据有关资料显示，茶叶中的茶多酚（主要是儿茶素类化合物）对胃癌、肠癌等癌症的预防和辅助治疗均有裨益。

（4）有助于预防和治疗辐射伤害。茶多酚及其氧化产物具有吸收放射性物质锶-90和钴-60毒害的能力。据临床试验证实，对肿瘤患者在放射治疗过程中引起的轻度放射病，用茶叶提取物进行治疗，有效率可达90%以上；

茶 树

对血细胞减少症，茶叶提取物治疗的有效率达 81.7%；对因放射辐射而引起的白血球减少症，治疗效果更好。

（5）有助于抑制和抵抗病毒菌。茶多酚有较强的收敛作用，对病原菌、病毒有明显的抑制和杀灭作用，对消炎止泻有明显效果。我国有不少医疗单位应用茶叶制剂治疗急性和慢性痢疾、阿米巴痢疾、流感，治愈率达 90% 左右。

（6）有助于美容护肤。茶多酚是水溶性物质，用它洗脸能清除面部的油腻，收敛毛孔，具有消毒、灭菌、抗皮肤老化、减少日光中的紫外线辐射对皮肤的损伤等功效。

（7）有助于醒脑提神。茶叶中的咖啡碱能促使人体中枢神经兴奋，起到提神益思、清心的效果。

（8）有助于利尿解乏。茶叶中的咖啡碱可刺激肾脏，促使尿液迅速排出体外，提高肾脏的滤出率，减少有害物质在肾脏中的滞留时间。咖啡碱还可以排除尿液中的过量乳酸，有助于使人体尽快消除疲劳。

（9）有助于降脂助消化。茶叶具有助消化和降低脂肪的重要功效，这是由于茶叶中的咖啡碱能提高胃液的分泌量，可以帮助消化，增强分解脂肪的能力。

（10）有助于护齿明目。茶叶中含氟量较高，每 100 克干茶中含氟量为 10~15 毫克，且 80% 为水溶性成分。若每天冲泡茶叶 10 克，可吸收水溶性氟 1~1.5 毫克，而且茶叶是碱性饮料，可抑制人体钙质的减少，这对预防龋齿、护齿、坚齿，都是有益的。据有关资料显示，在小学生中进行"饮后茶疗漱口"试验，龋齿率可降低 80%。另据有关医疗单位调查，在白内障患者中有饮茶习惯的占 28.6%；无饮茶习惯的则占 71.4%。这是因为茶叶中的维生素

C 等成分，能降低眼睛晶状体混浊度，经常饮茶，对减少眼疾、护眼明目均有积极的作用。

➤ 酒的成分及过量饮酒对人体的危害

◎ 酒的成分

酒的化学成分是乙醇，一般含有微量的杂醇和酯类物质，食用白酒的浓度在 60 度（即60%）以下，白酒经分馏提纯至 75% 以上为医用酒精，提纯到 99.5% 以上为无水乙醇。酒是以粮食为原料经发酵酿造而成的。

◎ 过量饮酒对身体的危害

（1）对大脑的危害。少量酒精能使人自觉振奋、机警、注意力集中，但是实际结果显示事实并非如此。少量酒精有镇静作用，摄入较多酒精对记忆力、注意力、判断力、神经机能及情绪反应都有严重伤害。饮酒过多会造成口齿不清，视线模糊，失去平衡力。

（2）对肝脏的危害。长期大量饮酒，几乎无可避免地会导致肝硬化，有病的肝脏不再对来自消化道的营养加以处理，也无法再处理摄入人体的药物。肝硬化的症状很多，而且是扩散性的，这些症状包括水肿（液体滞留，腹胀）、黄疸（皮肤及眼白发黄）。

（3）对皮肤的危害。酒精是血管扩张剂，可使身体表面血管扩张。它除了使人看起来脸红红的之外，也会使人的身体组织过分散热，这会造成人在天冷时全身冰冷（体温过低）。

（4）对心脏的危害。大量饮酒的人会发生心肌病。心肌病就是心脏肌肉组织变得衰弱，并且受到损伤。

（5）对胃的危害。一次大量饮酒会使人出现急性胃炎的不适症状。连续大量摄入酒精会导致更严重的慢性胃炎。

（6）对生殖器官的危害。酒精会使男性出现阳痿。对于妊娠期的妇女，即使是少量的酒精，也会使未出生的婴儿发生身体缺陷的危险性增高。

饮酒、喝茶、吸烟的禁忌

◎ 饮酒禁忌

（1）忌饮酒过量，造成醉酒。

（2）忌"一饮而尽"，饮酒过猛过快。这样易增加血液中酒精的浓度，加深醉酒程度。

（3）忌空腹饮酒。这样不仅直接刺激消化道黏膜，还可能加快肝脏和神经系统的毒性反应。

（4）忌硬性劝酒，强人所难强干杯。

（5）忌带病饮酒，特别是肝病、肾病、胃肠溃疡以及精神病患者饮酒。这样会加重病情。

（6）忌孕期饮酒。孕妇饮酒会影响胎儿的正常发育。

（7）忌啤酒、白酒混饮。先饮啤酒，后饮白酒，扩大了酒精的刺激性，使人易醉。

（8）忌烟酒同时并用。喝酒时吸烟，尼古丁很易溶解在酒精中，被人体吸收，加重危害。

另外，酒后还须注意以下事项：

（1）酒后不要喷撒农药或在室内喷撒杀虫剂。因为酒后人体血流量加快，皮肤和黏膜上的血管扩张，通透性增强。这时皮肤若沾染上有毒农药或空气中飘浮的药被吸入呼吸道的黏膜上，就会增加中毒的严重性，危及生命安全。

（2）酒后不宜马上洗澡。酒后马上洗澡，更增加胃肠负担，容易损伤胃肠功能。

（3）酒后切莫急于看电视，老年人尤其应该注意。酒中含有的甲醇能使视神经萎缩，损伤眼睛。

（4）酒后不宜马上服药，特别不宜服用镇静剂一类的药物。

◎ 饮茶的禁忌

茶叶对人体健康的作用是不容置疑的，但对不同的人也有不同的要求，所以健康不佳的人要慎重饮茶。饮茶的禁忌主要可归结为以下10条：

（1）发烧者忌喝茶。茶叶中的咖啡碱不但能使人体体温升高，而且还会降低药效。

（2）肝脏病人忌饮茶。茶叶中的咖啡碱等物质绝大部分经肝脏代谢。若肝脏有病，饮茶过多超过肝脏代谢能力，就会有损于肝脏组织。

（3）神经衰弱者慎饮茶。茶叶中的咖啡碱有兴奋神经中枢的作用。神经衰弱者饮浓茶，尤其是下午和晚上，就会引起失眠，加重病情。可以在白天的上午及午后各饮一次茶，在上午不妨饮花茶，午后饮绿茶，晚上不饮茶。这样，患者会白天精神振奋，夜间静气舒心，并且可以早点入睡。

（4）孕妇忌饮茶，尤其是不宜喝浓茶。茶叶中含有大量茶多酚、咖啡碱等，对胎儿在母腹中的成长有许多不利因素。为使胎儿的智力得到正常发展，避免咖啡碱对胎儿的过分刺激，孕妇应少饮或不饮茶。

知识小链接

咖啡碱

咖啡碱也称咖啡因，是一种黄嘌呤生物碱化合物，是一种中枢神经兴奋剂，能够暂时驱走睡意并恢复精力。有咖啡因成分的咖啡、茶、软饮料及能量饮料十分畅销，因此，咖啡因也是世界上最普遍被使用的精神药品。在北美，90%的成年人每天都使用咖啡因。很多咖啡因的自然来源也含有多种其他的黄嘌呤生物碱，包括强心剂茶碱和可可碱以及其他物质，例如单宁酸。

（5）妇女哺乳期不宜饮浓茶。哺乳期饮浓茶，会使过多的咖啡碱进入乳汁，小孩吸乳后会间接产生兴奋，易引起少眠和多啼哭。

（6）溃疡病患者慎饮茶。茶是一种胃酸分泌刺激剂，饮茶可引起胃酸分泌量加大，增加对溃疡面的刺激，常饮浓茶会促使病情恶化。但对轻微患者，可以在服药 2 小时后饮些淡茶，加糖红茶、加奶红茶有助于消炎和胃黏膜的保护，对溃疡也有一定的作用。饮茶也可以阻断体内的亚硝基化合物的合成，防止癌前突变。

（7）营养不良的人忌饮茶。茶叶有分解脂肪的功能，营养不良的人，再饮茶分解脂肪，会使营养更加不良。

拓展阅读

鞣 质

鞣质，又称单宁，是存在于植物体内的一类结构比较复杂的多元酚类化合物。鞣质能与蛋白质结合形成不溶于水的沉淀，故可用来鞣皮，即与兽皮中的蛋白质相结合，使皮成为致密、柔韧、难于透水且不易腐败的革，因此称为鞣质。鞣质存在于多种树木（如橡树和漆树）的树皮和果实中，也是这些树木受昆虫侵袭而生成的虫瘿中的主要成分，含量达 50%~70%。鞣质为黄色或棕黄色无定形松散粉末；在空气中颜色逐渐变深；有强吸湿性；不溶于乙醚、苯、氯仿，易溶于水、乙醇、丙酮；水溶液味涩；在 210℃~215℃分解。

（8）醉酒的人慎饮茶。茶叶有兴奋神经中枢的作用，人若醉酒后喝浓茶会加重心脏负担。饮茶还会加速利尿作用，使酒精中有毒的醛尚未分解就从肾脏排出，对肾脏有较大的刺激性而危害健康。因此，对心肾生病或功能较差的人来说，不要饮茶，尤其不能饮大量的浓茶；对身体健康的人来说，可以饮少量的浓茶，待清醒后，可采用进食大量水果、或小口饮醋等方法，以加快人体的新陈代谢速度，使酒醉缓解。

（9）慎用茶水服药。药物的种类繁多，性质各异，能否用茶水服药，不能一概而论。茶叶中的鞣质、茶碱，可以和某些药物发生化学变化，因而，在服用催眠、镇静等药物和服用含铁补血药、酶制剂药、含蛋白质等药物时，因茶多酚易与铁剂发生作用而产生沉淀，不宜用茶水送药，以防影响药效。

有些中草药如麻黄、钩藤、黄连等也不宜与茶水混饮。一般认为，服药 2 小时内不宜饮茶。而服用某些维生素类的药物时，茶水对药效毫无影响，因为茶叶中的茶多酚可以促进维生素 C 在人体内的积累和吸收。同时，茶叶本身含有多种维生素，茶叶本身也有兴奋、利尿、降血脂、降血糖等功效，对人体恢复健康也是有利的。

（10）贫血患者忌饮茶。茶叶中的鞣酸可与铁结合成不溶性的化合物，使体内得不到足够铁的来源，故贫血患者不宜饮茶。

拓展阅读

钩 藤

钩藤（gōu téng）别名大钩丁、双钩藤，为茜草科植物钩藤或华钩藤及其同属多种植物的带钩枝条，攀援灌木，高可达 10 米。它的茎枝呈圆柱形或类似方柱形，有细纵纹，节上生有向下弯曲的双钩或单钩，钩下有托叶痕。它质硬，茎断面有黄白色髓部，以带钩的茎枝入药，于春、秋季采收，除去叶片，切断，晒干。

◎ 吸烟的禁忌

新买的卷烟，在刚刚打开烟盒时不能立即吸食。卷烟生产过程中加入的各种化学添加剂、黏合剂和卷烟包装材料，以每分钟2500～10000 支的速度瞬间全部封闭在烟盒中，打开包装后的卷烟盒中积聚的印刷油墨、各种化学添加剂和黏合剂及非烟草物质所产生的各种异味和有害成分，必须要有一个充分的释放过程，才能够还原烟草的本来面目。刚打开的烟盒里就像新装修的房子一样，有害物质还没有挥发出去，所以要通通风，排排毒再住进去。所以，扯开烟盒拉线将烟支暴露在空气中挥发一下，3 分钟以后再吸，这会大大降低吸烟对人体的危害。

一根烟的长度约为 84 毫米，黄金分割处是最佳的吸食位置，也就是说只

抽烟的大约 $\frac{1}{3}$ 处，剩下的 $\frac{2}{3}$ 就不要再吸了，否则对健康不利。因为烟在吸前 $\frac{1}{3}$ 时，剩下的 $\frac{2}{3}$ 的烟支也在起着过滤作用，随着烟支的缩短，有害物质会不断增加，烟的味道也会变得越来越差，一般的吸烟族吸到此处时恰好可以解了自己的烟瘾。

我们知道较长的烟蒂具有很好的过滤效果，越往后吸，有害成分的残留物越多，焦油含量就越高，对身体的危害就越大。特别是到了过滤嘴头部时，过滤嘴是化学物质，加热以后生成的有害物质比烟草大得多。

环境污染与人体中的化学反应

　　由于人们对工业高度发达的负面影响预料不够，预防不利，导致了全球性的三大危机：资源短缺、环境污染、生态破坏。

　　人类不断地向环境排放污染物质。但由于大气、水、土壤等的扩散、稀释、氧化还原、生物降解等的作用，使污染物质的浓度和毒性会自然降低，这种现象叫做环境自净。如果排放的物质超过了环境的自净能力，环境质量就会发生不良变化，危害人类健康和生存，这就发生了环境污染。

食品污染与人体中的化学反应

食品中混进了对人体健康有害或有毒的物质，这种现象称为食品污染。污染食品的物质称为食品污染物。食用受污染的食品会对人体健康造成不同程度的危害。

食品污染可分为生物性污染、化学性污染和放射性污染。

（1）生物性污染：主要是由有害微生物及其毒素、寄生虫及其虫卵和昆虫等引起的。肉、鱼、蛋和奶等动物性食品易被致病菌及其毒素污染，导致食用者发生细菌性食物中毒和人畜共患的传染病。致病菌主要来自病人、带菌者和病畜、病禽等。致病菌及其毒素可通过空气、土壤、水、食具、患者的手或排泄物污染食品。被致病菌及其毒素污染的食品，特别是动物性食品，如果食用前未经必要的加热处理，会引起沙门氏菌或金黄色葡萄球菌毒素等细菌性食物中毒。食用被污染的食品还可能引起炭疽、结核和布氏杆菌病（波状热）等传染病。

知识小链接

布氏杆菌病

布氏杆菌病又称波状热，是由布氏杆菌引起的人畜共患的传染病。牛、羊、猪等动物最易感染，并引起母畜传染性流产。人类接触带菌动物或食用病畜及其乳制品，均可被感染。布氏杆菌病广泛分布于世界各地。我国部分地区曾有流行，现已基本控制。

霉菌广泛分布于自然界。受霉菌污染的农作物、空气、土壤和容器等都可使食品受到污染。部分霉菌菌株在适宜条件下，能产生有毒代谢产物，即霉菌毒素。例如黄曲霉毒素和单端孢霉菌毒素，对人畜都有很强的毒性。一次大量摄入被霉菌及其毒素污染的食品，会造成食物中毒；长期摄入小量受污染食品也会引起慢性病或癌症。有些霉菌毒素还能从动物或人体转入乳汁中，损害饮奶者的健康。

微生物含有可分解各种有机物的酶类。这些微生物污染食品后，在适宜条件下大量生长繁殖，食品中的蛋白质、脂肪和糖类，可在各种酶的作用下分解，使食品感官性状恶化，营养价值降低，甚至腐败变质。

污染食品的寄生虫主要有绦虫、旋毛虫、中华枝睾吸虫和蛔虫等。污染源主要是病人、病畜和水生物。污染物一般是通过病人或病畜的粪便污染水源或土壤，然后再使家畜、鱼类和蔬菜受到感染或污染。

粮食和各种食品的贮存条件不良，容易孳生各种仓储害虫。例如粮食中的甲虫类、蛾类和螨类；鱼、肉、酱或咸菜中的蝇蛆以及咸鱼中的干酪蝇幼虫等。枣、栗、饼干、点心等含糖较多的食品特别容易受到侵害。昆虫污染可使大量食品遭到破坏，但尚未发现受昆虫污染的食品对人体健康造成显著的危害。

（2）化学性污染：主要指农用化学物质、食品添加剂、食品包装容器和工业废弃物的污染，汞、镉、铅、砷、氰化物、有机磷、有机氯、亚硝酸盐和亚硝胺及其他有机或无机化合物等所造成的污染。造成化学性污染的原因有以下几种：①农业用化学物质的广泛应用和使用不当。②使用不合卫生要求的食品添加剂。③使用质量不合卫生要求的包装容器，造成容器上的可溶性有害物质在接触食品时进入食品，如陶瓷中的铅、聚氯乙烯塑料中的氯乙烯单体都有可能转移进入食品。又如包装蜡纸上的石蜡可能含有苯并（a）芘，彩色油墨和印刷纸张中可能含有多氯联苯，它们都特别容易向富含油脂的食物中移溶。④工业的不合理排放所造成的环境污染，也会通过食物链危害人体健康。

（3）放射性污染：食品中的放射性物质有来自地壳中的放射性物质，称为天然本底；也有来自核武器试验或和平利用放射能所产生的放射性物质，即人为的放射性污染。某些鱼类能富集金属同位素，半衰期较长，多富集于骨组织中，而且不易排出，对机体的造血器官有一定的影响。

一次大量摄入受污染的食品，可以引起急性中毒，即食物中毒，如细菌性食物中毒、农药食物中毒和霉菌毒素中毒等。长期（一般指半年到1

年以上）少量摄入含污染物的食品，可以引起慢性中毒。造成慢性中毒的原因较难追查，而影响又更广泛，所以应格外重视。例如，摄入残留有机汞农药的粮食数月后，会出现周身乏力、尿汞含量增高等症状；长期摄入微量黄曲霉毒素污染的粮食，能引起肝细胞变性、坏死、脂肪浸润和胆管上皮细胞增生，甚至发生癌变。慢性中毒还可表现为生长迟缓、不孕、流产、死胎等生育功能障碍，有的还可通过母体使胎儿发生畸形。已知与食品有关的致畸物质有醋酸苯汞、甲基汞、狄氏剂、艾氏剂、氯丹、七氯和敌枯双等。

某些食品污染物还具有致突变作用。突变如果发生在生殖细胞，可使正常妊娠发生障碍，甚至不能受孕，胎儿畸形或早死。突变如果发生在体细胞，可使在正常情况下不再增殖的细胞发生不正常增殖而构成癌变的基础。

以下几类食品污染物可诱发癌症：

◎ 强致癌物质—— 3，4 - 苯并芘

科学家研究发现，危害人类最严重的疾病之一——癌症，有80%～90%是

烧烤类食品含有强致癌物质苯并芘

环境因素引起的。而在致癌因素中，又有70%～90%是环境、食物、药物中的化学物质引起的。在已经发现的400多种致癌物质中，毒性较强的一种是3，4 - 苯并芘，它主要存在于煤、石油、焦油和沥青中。燃煤烟尘中的3，4 - 苯并芘含量较高，每燃烧 1 千克煤，产生 0.19～0.22 毫克的 3，4 - 苯并芘。一般的汽车每小时排出的废气中，有 0.25～0.32 毫克的 3，4 - 苯并芘。排入大气的 3，4 - 苯并芘被吸附在飘尘中或降落到土壤和水体中，通过呼吸或饮食进入人体致癌。所以，

有人喜欢在马路上跑步或在沥青路上翻晒粮食，就会吸入或受到 3，4－苯并芘的污染。油煎烧焦的鱼肉或其他肉类中，也含有较多的 3，4－苯并芘。有人烧油时喜欢让油冒烟或快起火时才开始炒菜，认为这样可破坏油中的有害物质，其实这是不科学的。

为了防止产生 3，4－苯并芘，还应不吸烟，因为每 100 支香烟中含 3，4－苯并芘 3.5~4.5 毫克。

要防止 3，4－苯并芘的危害，应对煤烟除尘，安装汽车排气净化装置和采取戒烟等措施。家庭中煤气灶的发展，也使家庭小环境污染加剧，所以安装抽油烟机是十分必要的。

腌菜中含有亚硝胺

💨 ◎ 易致癌物——亚硝胺

亚硝胺是一种常见的化学物质。有人对 100 多种亚硝胺化合物作动物试验，发现 80 多种能致癌，其中最强的是二甲基亚硝胺和二乙基亚硝胺。主要致癌器官是肝、胃和食道。

知识小链接

亚硝胺

亚硝胺是强致癌物，是最重要的化学致癌物之一，也是四大食品污染物之一。食物、化妆品、啤酒、香烟中都含有亚硝胺。在熏腊食品中，含有大量的亚硝胺类物质，某些消化系统肿瘤，如食管癌的发病率与膳食中摄入的亚硝胺数量相关。当熏腊食品与酒共同摄入时，亚硝胺对人体健康的危害就会成倍增加。

食品中的亚硝胺是由二级胺（仲胺）和亚硝酸盐在食品内或体内生成的。

二级胺主要来自蛋白质的分解和某些药物的残留；硝酸盐通过细菌亚硝化产生亚硝酸盐。食品中的硝酸盐是化肥残留或以防腐剂的形式加入。我们平时食用的腌肉、罐头食品以及许多保鲜的食品中都加入了防腐剂，这些防腐剂大多为硝酸盐。

经常食用新鲜蔬菜、水果，是防止亚硝酸盐在体内合成的有效方法。

◎ 致癌祸首——黄曲霉素

黄曲霉素是黄曲霉真菌的代谢产物。黄曲霉在温热、潮湿的条件下生长迅速。花生、花生油、玉米、大米中均有，麦子和豆类中则少见。

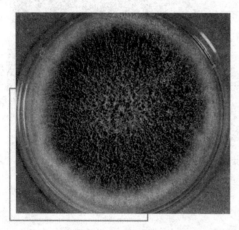

致癌祸首——黄曲霉素

黄曲霉素的致癌性是已知化学致癌物中最强的一种。英国曾发生火鸡吃了霉变的花生饼粕后中毒死亡的事件，就与黄曲霉菌有关。印度某农村曾发生食用霉变玉米，引发中毒性肝炎病，最后导致人员死亡的严重事件。非洲、泰国、肯尼亚等地的调查资料中显示，凡受黄曲霉毒污染严重的地区，肝癌的发病率明显增高。日本从霉米中分离出可诱发肝细胞瘤和肝细胞癌的多种毒霉菌和毒素。我国南方高温高湿地区的大米中，也存在类似情况。

黄曲霉菌能耐较高的温度，一般的食物经蒸煮不易除去。人们通常采用在食物（花生、玉米等）未加热前，进行仔细冲洗，这样做可除去95%以上的霉菌。

需要指出的是有人认为，带黄曲霉菌的食物只要经油炸之后，食用就安全了。其实不然，油炸后虽然食物内的黄曲霉菌死了，但其菌体仍留在食物内，这样的食物食用后仍是不安全的。所以防止粮油作物霉变，才是预防黄曲霉素毒害的最好办法。

▶ 室内空气污染与人体中的化学反应

◎ 什么是室内空气污染

室内空气污染是指有害的化学性因子、物理性因子和（或）生物性因子进入室内空气中并已达到对人体身心健康产生直接或间接，近期或远期，或者潜在有害影响的程度的状况。"室内"主要指居室内，广义上也可泛指各种建筑物内，如办公楼、会议厅、医院、教室、旅馆、图书馆、展览厅、影剧院、体育馆、健身房、商场、候车室、候机厅等各种室内公共场所和公众事务场所内。有些国家还包括室内的生产环境。

人们对室内空气中的传染病病原体认识较早，而对其他有害因子则认识较少。其实，早在人类住进洞穴并在其内点火烤食取暖的时期，就有烟气污染。但当时这类影响的范围极小，持续时间极短暂，人的室外活动也极频繁，因此，室内空气污染无明显危害。随着人类文明的高度发展，尤其进入20世纪中叶以来，由于民用燃料的消耗量增加、进入室内的化工产品和电器设备的种类和数量增多，更由于为了节约能源寒冷地区的房屋建造得更加密闭，室内污染因子日渐增多而通风换气能力却反而减弱，这使得室内有些污染物的浓度较室外高达数十倍以上。

人们每天平均大约有80%以上的时间在室内度过。随着生产和生活方式的更加现代化，更多的工作和文娱体育活动都可在室内进行，购物也不必每天上街，合适的室内微小气候使人们不必经常到户外去调节热效应，这样，人们的室内活动时间就更多，甚至高达93%以上。因此，室

应警惕初装修的房屋室内的空气污染

内空气质量与人体健康的关系就显得更加密切、更加重要。虽然室内污染物的浓度往往较低，但由于接触时间很长，故其累积接触量很高。尤其是老、幼、病、残等体弱人群机体抵抗力较低、户外活动机会更少。因此，室内空气质量的好坏对他们健康的影响尤为重要。

◎室内空气污染的分类

室内空气污染物的来源大致分成三类。

室内的人为活动产生的有害因子：人们在室内进行生理代谢，进行日常生活、工作学习等活动，这些活动可产生出很多污染因子。主要有以下几个方面：

（1）呼出气。呼出气的主要成分是二氧化碳。每个成年人每小时平均呼出的二氧化碳大约为 22.6 升。此外，伴随呼出的还可能有氨、二甲胺、二乙胺、二乙醇、甲醇、丁烷、丁烯、二丁烯、乙酸、丙酮、氮氧化物、一氧化碳、硫化氢、酚、苯、甲苯、二硫化碳等。其中，大多数是体内的代谢产物，其余的是吸入后仍以原形呼出的污染物。

（2）吸烟。这是室内主要的污染源之一。烟草燃烧产生的烟气，主要成分有一氧化碳、烟碱（尼古丁）、多环芳烃、甲醛、氮氧化物、亚硝胺、丙烯腈、氟化物、氰氢酸、颗粒物以及含砷、镉、镍、铅等的物质，总共约 3 000 多种，其中具有致癌作用的约 40 多种。吸烟是肺癌的主要病因之一。

（3）燃料燃烧。这也是室内主要污染源之一。不同种类的燃料，甚至不同产地的同类燃料，其化学组成以及燃烧产物的成分和数量都不相同。但总的来看，煤的燃烧产物以颗粒物、二氧化硫、二氧化氮、多环芳烃（PAH）为主；液化石油气的燃烧产物以多环芳烃、甲醛为主。

◎室内空气污染对人体的伤害

SO_2 和 NO_2 对呼吸道有损伤。CO 除引起急性中毒外，其慢性影响为损伤心肌和中枢神经。颗粒物中含有大量的多环芳烃，其中有很多是致癌源。例如，3，4－苯并［a］芘的某些代谢中间产物的致癌性就很强。从科学家发现英国扫烟囱工人易患阴囊癌开始，人们逐渐认识到煤焦油中有致癌物。20 世纪 80 年代我国对云南省宣威县肺癌高发原因的研究，证明了当地燃煤的烟气中，含有大量致癌的 PAH。另一项流行学调查发现，肺癌高发地区的农民患肺癌的原因之一是冬季家中燃烧蜂窝煤而不安装烟囱。液化石油气燃烧颗粒物的二氯甲烷提取物中，含有硝基多环芳烃，这是一种强烈致突变物。

此外，某些地区的煤中含有较多的氟、砷等无机污染物，燃烧时污染室内的空气和食物，人体吸入或食入后，容易引起氟中毒或砷中毒。

烹调产生的油烟不仅有碍一般卫生，而且更重要的是其中含有致突变物。

室内不清洁，致敏性生物滋生。主要的室内致敏性生物是真菌和尘螨，它们主要来自家禽、尘土等。真菌的滋生能力很强，只要略有水分和有机物，即能生长。例如玻璃表面、家用电器内部、墙缝里、木板上，甚至喷气式飞机的高级汽油筒的塞子上也能生长。尘螨喜潮湿温暖，主要生长在尘埃、床垫、枕头、沙发椅、衣服、食物等处。无论是活螨还是死螨，甚至其蜕皮或排泄物，都具有抗原性，容易引起哮喘或荨麻疹。

病人传播病原体。患有呼吸道传染病的病人，通过呼出气、喷嚏、咳嗽、痰和鼻涕等，可将病原体传播给他人。

室内使用的复印机、静电除尘器等仪器设备产生臭氧（O_3）。臭氧是一种强氧化剂，对呼吸道有刺激作用，尤其能损伤肺泡。

家用电器产生电磁辐射。如果辐射强度很大，也会使人头晕、嗜睡、无力、记忆力衰退。

室内的尘埃、燃烧颗粒物、飞沫等污染物，与室内的空气轻离子结合，形成重离子。前者在

拓展阅读

氧化剂

氧化剂是氧化还原反应里得到电子或有电子对偏向的物质，也即由高价变到低价的物质。氧化剂从还原剂处得到电子，自身被还原变成还原产物。氧化剂和还原剂是相互依存的。氧化剂在反应里表现出氧化性。氧化能力的强弱是氧化剂得电子能力的强弱，含有容易得到电子的元素的物质常用作氧化剂，在分析具体反应时，常用元素化合价的升降进行判断：所含元素化合价降低的物质为氧化剂。

污浊空气中仅能存留 1 分钟，而后者则能存留 1 小时，这样就加强了重正离子的不良影响：头痛、心烦、疲劳、血压升高、精神萎靡、注意力衰退、工作能力降低、失眠等。

室内物品中有害因子的直接散发。室内有很多物体和用品，其本身即含有各种有害因子，一旦暴露于空气中，就会散发出来并造成危害。它们主要来自以下几方面：

建筑材料。某些水泥、砖、石灰等建筑材料的原材料中，本身就含有放射性镭。待建筑物落成后，镭的衰变物氡及其子体就会释放到室内空气中，进入人体呼吸道，是肺癌的致病原因之一。

使用脲—甲醛泡沫绝热材料（UFFI）的房屋，可释放出大量甲醛。甲醛具有明显的刺激作用，对眼、喉、气管的刺激很大；在体内能形成变态原，引起支气管哮喘和皮肤的变态反应；能损伤肝脏，尤其是有肝炎史的人，住进 UFFI 活动房屋以后，容易复发肝炎。长期吸入低浓度甲醛，能引起头痛、头晕、恶心、呼吸困难、肺功能下降、神经衰弱，免疫功能也受影响。动物试验证实甲醛能诱发鼻咽癌，但尚未见到人体致癌的流行学证据。

有些建筑材料中含有石棉，可散发出石棉纤维。石棉能致肺癌，以及胸、腹膜间皮瘤的发生。

知识小链接

肺　　癌

肺癌是最常见的恶性肿瘤，绝大多数肺癌起源于支气管粘膜上皮，故亦称支气管肺癌。近年来，世界各国特别是工业发达国家，肺癌的发病率和病死率均迅速上升，死于肺癌的男性病人较多。多年前，在中国因肺部疾病施行外科手术治疗的病人中，绝大多数为肺结核，其次为支气管扩张、肺脓肿等肺化脓性感染疾病。

家具、装饰用品和装潢摆设。常用的有地板革、地板砖、化纤地毯、塑料壁纸、绝热材料、脲—甲醛树脂黏合剂以及用该黏合剂黏制成的纤维板、胶合板等做成的家具等都能释放多种挥发性有机化合物，主要是甲醛。中国沈阳市某新建高级宾馆内，甲醛浓度最高达 1.11 毫克/立方米，普通居室内新装饰后可达 0.17 毫克/立方米左右，之后渐减。此外，有些产品还能释放出苯、甲苯、二甲苯、二硫化碳、三氯甲烷、三氯乙烯、氯苯等 100 余种挥发性有机物。其中有的能损伤肝脏、肾脏、骨髓、血液、呼吸系统、神经系统、免疫系统等，有的甚至能致敏、致癌。

日常生活和办公用品。例如化妆品、洗涤剂、清洁剂、消毒剂、杀虫剂、纺织品、油墨、油漆、染料、涂料等都会散发出甲醛和其他种类的挥发性有机化合物、表面活性剂等。这些都能通过呼吸道和皮肤影响人体。

从室外进入室内的污染物。室外环境中的一部分有害因子，也能通过各种适当的介质进入室内。常见以下情况：

当大气中的污染物高于室内浓度时，可通过门窗、缝隙等途径进入室内。例如颗粒物、SO_2、NO_2、多环芳烃以及其他有害气体。

土壤中含镭的地区，镭的衰变物氡及其子体可以通过房屋地基或房屋的管道入口处的缝隙进入室内。也可以先溶入地下水，当室内使用地下水时，即逸出到空气中。地下室或底层房间内空气中的氡浓度随楼层增高，浓度降低。

土壤中或天然水体中含有一种革兰氏阴性的杆菌，称为军团杆菌。它们可随空调冷却水、加湿器用水甚至淋浴喷头的水柱进入室内形成气溶胶，并进入人体呼吸道造成肺部感染，称为军团病（嗜肺炎军团杆菌病）。

人为带入。服装、用具等可将工作环境或其他室外环境中的污染物（如铅尘）带入室内。

除了以上方面的来源以外，还有一些其他来源。例如，紫外线的光化学作用可以产生臭氧。

总之，室内空气污染物的来源很广、种类很多，对人体健康可以造成多方面的危害。而且，污染物往往可以若干种类同时存在于室内空气中，可以同时作用于人体而产生联合有害影响。

人体对室内空气污染物接触量的评价。可以采用个体采样器进行采样测定，从而掌握个人的环境接触量。也可以进行人体的生物材料监测，即选择性地测定呼出气、血、尿或毛发中的污染物含量，从而了解人体内的实际吸收量。

污染物的室内实际浓度，主要取决于污染源的排出量。此外，还与气象因子、室内通风效果、污染物自身演变转化的规律有关。

有些国家已制定了室内污染物的卫生标准。中国已正式公布公共场所卫生管理条例。

室内空气污染的防治措施。主要是消除或控制污染源；加强室内自然通风或机械通风；对能散发出有害因子的物品尽可能放置于室外若干时间，待充分散发后再放置室内。

生活污染与人体中的化学反应

◎ 伦敦烟雾事件

伦敦是一座拥有 2000 多年历史的大城市。1952 年 12 月，正值隆冬季节，伦敦受反气旋气候影响，浓雾覆盖，温度骤降。空气静止、浓雾不散、黑云压城，整个伦敦市淹没在浓重的烟雾之中。与此同时，工厂和住家成千上万个烟囱照样向天空排放着大量的黑烟。它们在天空中集聚，无法扩散，使空气中污染物的浓度不断增加。烟尘最高浓度达到平时的 10 倍；二氧化硫最高浓度达到平时的 6 倍。伦敦市大街小巷都充满了煤烟、硫黄的气味，交通警察不得不戴上了防毒面具，来往行人则边走边用手帕捂鼻子、擦眼泪。悲剧终于发生了。一群准备在交易会上展出的牛，突然呼吸

伦敦烟雾事件

困难、舌头吐露，其中 1 头牛当场死去，另外 12 头牛奄奄一息，160 头牛相继倒地抽搐。接踵而至的是，市民也难逃厄运，几千人感觉胸口闷得发慌，并伴有咳嗽、咽喉疼痛和呕吐。随之，老人、婴幼儿、病人的死亡人数增加，到第三四天情况更趋严重，发病率、死亡率急剧上升。据统计，45 岁以上者死亡最多，约为平时的 3 倍；1 岁以下的死亡者，约为平时的 2 倍。另据统计，发生烟雾事件的 1 周中，因支气管发炎死亡、冠心病患者死亡、心脏衰竭者死亡、肺结核患者死亡、肺炎、肺癌、流感及其他呼吸道患者的死亡率都是成倍地增长。直到 12 月 10 日以后，一股轻快的西风吹来了北大西洋的新鲜空气，才驱散了弥漫在伦敦上空的毒雾，使人们重见天日，解除了痛苦。就在事件过后的 2 个月内，死亡人数还在陆续增加。这就是震惊一时的伦敦烟雾事件。

伦敦的烟雾事件由来已久，1873 年、1880 年和 1891 年就相继发生过三次。由于燃煤而造成的毒雾事件，死亡人数达千人之多。事件刚发生时当局对此不闻不问，以致问题越来越严重。1952 年的事件再次发生后，英国社会哗然，纷纷要求政府当局对受害情况进行调查。但是，政府未能查清原因，也未采取有效的防治措施，导致后来又相继发生了几起烟雾事件。例如 1962 年的一起，气候变化与 1952 年相似，空气中的二氧化硫浓度比 1952 年还高，只是烟尘浓度仅及 1952 年的 $\frac{1}{2}$，才使得死亡率比 1952 年低 80%。英国当局再次在人民的压力下不得不进行深入研究，终于找到了伦敦烟雾事件的原因：煤中含有三氧化二铁，它能促进空气中的二氧化硫氧化，生成硫酸液沫，附在

知识小链接

硫　酸

　　硫酸，化学式为 H_2SO_4。它是一种无色无味的油状液体，是一种高沸点、难挥发的强酸，易溶于水，能以任意比与水混溶。硫酸是基本化学工业中的重要产品之一。它不仅作为许多化工产品的原料，而且还广泛地应用于其他的国民经济部门。硫酸是化学中六大无机强酸之一，也是所有酸中最常见的强酸之一。

烟尘上或凝聚在雾核上，并进入人的呼吸系统，使人发病或加速慢性病患者的死亡。

◎ 洛杉矶光化学烟雾事件

洛杉矶是美国加利福尼亚州南部太平洋沿岸的滨海城市。这里常年阳光明媚、气候温和、风景优美，是人们的游览胜地。著名的电影中心好莱坞就在它的西北郊。随着该地区石油工业的开发，飞机制造等军事工业的迅速发

洛杉矶光化学烟雾

展，人口激增，洛杉矶已成为美国西部地区工的商业重镇和著名海港。它从此也就失去了往昔的优美和宁静。该地区人口众多，汽车数百万辆，每天耗费汽油约 600 多万加仑（美制 1 加仑 = 3.785 升），是世界上交通最繁忙的地区之一。

1943 年以来，美国洛杉矶首次出现光化学烟雾，这是一种浅蓝色的刺激性烟雾。滞留在市内几天不散，大气能见度大为下降，许多居民眼红、鼻痛、喉头发炎，还伴有咳嗽和不同程度的头痛和胸痛、呼吸衰弱，不少老人经受不住折磨而死亡；同时，家畜患病、植物遭殃、橡胶制品老化、材料与建筑物受损。

对洛杉矶型烟雾的来源、形成的调查，可说是颇费周折，前后经过七八年时间。起初认为是二氧化硫造成的，因此当局采取措施，控制各有关工业部门二氧化硫的排放量。但是烟雾并未减少。后来发现石油挥发物（碳氢化合物）同二氧化氮或空气中的其他成分一起，在太阳光作用下，产生一种浅蓝色的烟雾，它不同于一般煤尘的烟雾，是光化学烟雾。当局为此禁止石油精炼厂储油罐挥发物排入大气，结果仍未使烟雾减少。最后从汽车排放物中找到了构成光化学烟雾的原因。当时洛杉矶的汽车每天耗费汽油在千万升，因汽车汽化器的汽化效率低下，每天有近千吨碳氢化合物排入大气中，在太

阳光的作用下形成光化学烟雾。

洛杉矶型烟雾所以能形成，还与其地理环境和气象条件有关。洛杉矶市区面临大洋，三面环山，形成一个直径约 50 千米的盆地。由于东南北三面山脉的阻碍，只有西面刮来海风，一年约有 300 天从西海岸到夏威夷群岛的北太平洋上空出现逆温层，如同盖子压在洛杉矶的上空，烟雾难以扩散。当逆温层高度为 450 米时，大气可见度下降，当逆温层高度为 180 米时，光化学烟雾就带到地面，扩散不开，形成污染。为此，该地区每年 5 ~ 10 月间，阳光强烈，烟雾比较严重。汽车尾气多、盆地式地形、无风天气多，这就使洛杉矶很容易发生光化学烟雾。因这里每年有 60 天烟雾尤为严重，故被称为美国的"烟雾城"。

对于光化学烟雾污染，美国目前还无法防治，洛杉矶的居民仍深受其害。再加上美国的生活方式，决定了各地的汽车有增无减，因此，几乎每座城市都或轻或重地受到洛杉矶型光化学烟雾的困扰。

◎ 日本熊本县水俣病事件

日本的水质污染与其工业的发展分不开。战后日本经济高速增长时期重点发展重化工业，它们排出的废水中含有大量的重金属、毒泥、多氯联苯、油和酚等，严重地污染了水质。工业废水的重金属主要是汞、镉等，它们经过生态系统食物链的富集，成千上万倍地在生物体内积累起来，这些生物体被鱼吞食后又在鱼体内进一步浓缩、富集，人们一旦食用了这些水产品就会慢性中毒。

水俣病

水俣是日本九州南部的一个小镇，属熊本县管辖，这里渔业兴旺。日本氮肥公司就在此建厂，生产氮肥、醋酸乙烯、氯乙烯等，随着该企业的不断发展，给当地人民带来的灾难也开始降临。1950 年在水俣湾附近的小渔村中，出现了一些疯猫，它们步态不稳、惊恐不安、抽筋麻痹，最后跳入水中溺死，被当地人称为"自杀猫"。当时这种狂猫跳海的奇闻并未引起人们的关注。1953 年在水俣镇出现了一个生怪病的人，开始只是口齿不清、步态不稳、面部痴呆，后来发展到耳聋眼瞎、全身麻木，最后精神失常，时而酣睡，时而无比兴奋，体如弯弓，最后高叫而死。1956 年 4 月，一个 6 岁的女孩因同样症状被送入医院；同年 5 月，又有 4 个同样的病人入院就医，另外还有 50 多名没入院的患者，这时才引起人们的关注。当地的熊本大学医学院与市医师会和医院组成水俣怪病对策委员会，一起开展调查。在调查中把疯猫和怪病人联系起来分析，确认这是由氮肥公司排出的废水引起的。因为该工厂在生产氯乙烯、醋酸乙烯时，采用低成本的汞催化剂（氯化汞和硫酸汞）工艺，把大量含有甲基汞的毒水废渣排入水俣湾和不知火海，殃及海中鱼虾。当地居民因常年食用这种受污染的海产后，导致大脑和神经系统受到损伤，具体病症表现为眼神呆滞、常流口水、手足颤抖不已，发作起来即狂蹦乱跳。这是一种不治之症，轻者终生残疾，重者死亡。因这种怪病发生在水俣地区，故称为"水俣病"。

知识小链接

硫酸汞

硫酸汞，无机化合物，白色结晶粉末，无气味，溶于盐酸、热硫酸、浓氯化钠，不溶于丙酮、氨水。硫酸汞有剧毒，对环境有危害，对水体可造成污染。工业上硫酸汞通常用于制甘汞、升汞和蓄电池组，并用作乙烯水合制乙醛的催化剂。

◎切尔诺贝利核事故

第二次世界大战中，美国在日本广岛、长崎两地投掷了 2 颗原子弹。战后，人们从原子弹的巨大威力中也得到启发，开始和平利用原子能，为人类谋幸福。20 世纪 70 年代两次石油危机，迫使世界各国为发展经济而制定能源多样化政策。由于核能清洁、运输方便、富有经济性，各国竞相兴建核电站。

截至 80 年代后半期，全世界约有几百个核动力反应堆在运转，2000 年核电占世界发电总量的 20% 以上。和平利用原子能已是时代的要求。但是，原子能进入人类生活后，从第一座原子能装置开始运转到第一座工业原子能发电站正式运行，类似广岛和长崎式的悲剧，犹如幽灵在人们身旁游荡。全世界曾发生过百余起核电站泄出放射性物质的事故，在美国、德国、英国、前苏联均曾发生过，而且有些事故十分严重。尤其切尔诺贝利核事故更是后患无穷。

切尔诺贝利核电站在乌克兰境内，位于基辅北面。1986 年 4 月 26 日该电站的第 4 号反应堆起火燃烧，整个反应堆浸泡在水里。当时，第 4 号反应堆已烧毁，只能用混凝土将它埋起来。切尔诺贝利式反应堆共有 15 个，它们所生产的核能占当时前苏联核能产量的 50% 以上，每年发电量达几万兆瓦。而这些核电站在设计时均无可以防止漏出的放射性物质逸入大气中的安全壳。

奥夫鲁奇位于切尔诺贝利以西，是一个田地平展的地区，松树和白桦树成林，农民在那里放牧奶牛，种植小麦和其他作物。但是核事故给这个田园般的画面带来了一场无尽无休的灾难：儿童生病、死亡率不断上升、动物呈令人吃惊的畸形，事故的遗患成了这里的人们日常生活的组成部分。自 1989 年以来，该地区的农庄牲畜畸形怪胎增加了 1 倍。因为当地牧草和水面已受到铯、锶及其他同位素的污染，向人们提供干净的食品和水已变为首要任务，人们为进口牛奶及其他食品和饮用水而奔忙。

噪声污染与人体中的化学反应

什么是噪声污染

随着近代工业的发展，环境污染随之产生，噪声污染是环境污染的一种，已经成为对人类的一大危害。噪声污染与水污染、大气污染被看成是世界范围内三个主要的环境污染问题。

噪声是发生体做无规则振动时发出的声音。

声音由物体振动引起，以波的形式在一定的介质（如固体、液体、气体）

中进行传播。我们通常听到的声音为空气声。一般情况下，人耳可听到的声波频率为 20～20000 赫兹，称为可听声；低于 20 赫兹，称为次声波；高于 20000 赫兹，称为超声波。我们听到声音的音调的高低取决于声波的频率，高频声听起来尖锐，而低频声给人的感觉较为沉闷。声音的大小是由声音的强弱决定的。从物理学的观点来看，噪声是由各种不同频率、不同强度的声音杂乱、无规律地组合而成；乐音则是和谐的声音。

判断一个声音是否属于噪声，仅从物理学角度判断是不够的，主观上的因素往往起着决定性的作用。例如，美妙的音乐对正在欣赏音乐的人来说是乐音，但对于正在学习、休息或集中精力思考问题的人来说可能是一种噪声。即使对于同一种声音，当人处于不同状态、不同心情时，也会产生不同的主观判断，此时声音可能成为噪声或乐音。因此，从生理学观点来看，凡是干扰人们休息、学习和工作的声音，即不需要的声音，统称为噪声。当噪声对人及周围环境造成不良影响时，就形成噪声污染。

◎ 噪声的分类

噪声污染按声源的机械特点可分为：气体扰动产生的噪声、固体振动产生的噪声、液体撞击产生的噪声以及电磁作用产生的电磁噪声。

噪声按声音的频率可分为：小于 400 赫兹的低频噪声、400～1000 赫兹的中频噪声及大于 1000 赫兹的高频噪声。

噪声按时间变化的属性可分为：稳态噪声、非稳态噪声、起伏噪声、间歇噪声以及脉冲噪声等。

噪声有自然现象引起的，也有人为造成的，故分为自然噪声和人造噪声。

◎ 噪声的主要来源

（1）交通噪声主要包括机动车辆、船舶、地铁、火车、飞机等发出的噪声。由于机动车辆数目的迅速增加，使得交通噪声成为城市的主要噪声来源。

（2）工业噪声指工厂的各种设备产生的噪声。工业噪声的声级一般较高，对工人及周围居民带来较大的影响。

（3）建筑噪声主要来源于建筑机械发出的噪声。建筑噪声的特点是强度

噪声污染

较大，且多发生在人口密集地区，因此严重影响居民的休息与生活。

（4）社会噪声包括人们的社会活动和家用电器、音响设备发出的噪声。这些设备的噪声虽然不高，但由于和人们的日常生活联系密切，使人们在休息时得不到安静，尤为让人烦恼，极易引起邻里纠纷。

◎ 噪声的特性

噪声是一种公害，它具有公害的特性。同时它作为声音的一种，也具有声学特性。

（1）噪声的公害特性。由于噪声属于感觉公害，所以它与其他有害、有毒物质引起的公害不同。首先，它没有污染物，即噪声在空中传播时并未给周围环境留下什么毒害性的物质；其次，噪声对环境的影响不积累、不持久，传播的距离也有限；噪声声源分散，而且一旦声源停止发声，噪声也就消失。因此，噪声不能集中处理，需用特殊的方法进行控制。

（2）噪声的声学特性。简单地说，噪声就是声音，它具有一切声学的特性和规律。但是噪声对环境的影响和它的强弱有关，噪声愈强，影响愈大。衡量噪声强弱的物理量是噪声级。

◎ 噪声对人体健康的危害

噪声污染对人、动物、仪器仪表以及建筑物均构成危害，其危害程度主要取决于噪声的频率、强度及暴露时间。噪声危害主要包括以下方面：

噪声通过听觉器官作用于大脑中枢神经系统，以致影响到全身各个器官，故噪声除对人的听力造成损伤外，还会给人体其他系统带来危害。由于噪声的作用，会产生头痛、脑涨、耳鸣、失眠、全身疲乏以及记忆力减退等神经衰弱症状。长期在高噪声环境下工作的人与低噪声环境下的情况相比，高血压、动脉硬化和冠心病的发病率要高 2~3 倍。可见噪声会导致心血管系统疾病。噪声也可能导致消化系统功能紊乱，引起消化不良、食欲不振、恶心呕吐，使肠胃病和溃疡病发病率升高。此外，噪声对视觉器官、内分泌机能及胎儿的正常发育等方面也会产生一定的影响。在高噪声中工作和生活的人们，一般健康水平逐年下降，对疾病的抵抗力减弱，诱发一些疾病，但也和个人的体质因素有关，不可一概而论。

噪声是一类引起人烦躁，或音量过强而危害人体健康的声音。噪声污染主要来源于交通运输、车辆鸣笛、工业噪声、建筑施工、社会噪声如音乐厅、高音喇叭、早市和人的大声说话等。

噪声给人带来生理上和心理上的危害主要有以下几方面：损害听力。有检测表明，当人连续听摩托车声，8 小时以后听力就会受损；若是在摇滚音乐厅，半小时后人的听力也会受损，并有害于人的心血管系统。我国对城市噪声与居民健康的调查表明，噪声每上升 1 分贝，高血压发病率就增加 3%。噪音影响人的神经系统，使人急躁、易怒，并影响睡眠，造成疲倦。

从心理声学的角度来说，噪声一般是指不恰当或者不舒服的听觉刺激。它是一种由为数众多的频率组成的并具有非周期性振动的复合声音。简言之，噪声是非周期性的声音振动。它的音波波形不规则，听起来感到刺耳。从社会和心理意义来说，凡是妨碍人们学习、工作和休息并使人产生不舒适的声音，都叫噪声。例如流水声、敲打声、沙沙声、机器轰鸣声等，都是噪声。它的测量单位是分贝。零分贝是可听见声音的最低强度。

知识小链接

心血管系统

心血管系统是一个封闭的管道系统，由心脏和血管组成。心脏是动力器官，血管是运输血液的管道。通过心脏有节律性地收缩与舒张，推动血液在血管中按照一定的方向不停地循环流动，称为血液循环。血液循环是机体生存最重要的生理机能之一。由于血液循环，血液的全部机能才得以实现，并随时调整分配血量，以适应活动着的器官、组织的需要，从而保证机体内环境的相对恒定和新陈代谢的正常进行。循环一旦停止，生命活动就不能正常进行，最后将导致机体的死亡。

噪声有高强度和低强度之分。低强度的噪声在一般情况下对人的身心健康没有什么害处，而且在许多情况下还有利于提高工作效率。高强度的噪声主要来自工业机器（如织布机、车床、空气压缩机、风镐、鼓风机等）、现代交通工具（如汽车、火车、摩托车、拖拉机、飞机等）、高音喇叭、建筑工地以及商场、体育和文娱场所的喧闹声等。这些高强度的噪声危害着人们的机体，使人感到疲劳，并产生消极情绪，甚至引起疾病。

高强度的噪声，不仅损害人的听觉，而且对神经系统、心血管系统、内分泌系统、消化系统以及视觉、智力等都有不同程度的影响。如果人长期在95分贝的噪声环境里工作和生活，大约有29%的人会丧失听力；即使噪声只有85分贝，也有10%的人会发生耳聋；120～130分贝的噪声，能使人感到耳内疼痛；更强的噪声会使听觉器官受到损害。在神经系统方面，强噪声会使人出现头痛、头晕、倦怠、失眠、情绪不安、记忆力减退等症候群，脑电图慢波增加，自主神经系统功能紊乱等；在心血管系统方面，强噪声会使人出现脉搏和心率改变，血压升高，心律不齐，传导阻滞，外周血流变化等；在内分泌系统方面，强噪声会使人出现甲状腺功能亢进，肾上腺皮质功能增强，基础代谢率升高，性功能紊乱，月经失调等；在消化系统方面，强噪声会使人出现消化机能减退，胃功能紊乱，胃酸减少，食欲不振等。总之，强噪声会导致人体一系列的生理、病理变化。我们不能对强噪声等闲视之，应采取措施加以防止。当然，个体之间是有很大差异的，有的人对噪声比较敏感，有的人对噪声有较强的适应性，也与人的需要、情绪等心理因素有关。不管人们之间的差异如何，对强噪声总是需要加以防止的。

孕妇长期处在超过 50 分贝的噪声环境中，会使内分泌腺体功能紊乱，并出现精神紧张和内分泌系统失调。严重的会使血压升高、胎儿缺氧缺血、导致胎儿畸形甚至流产。高分贝噪声不仅能损坏胎儿的听觉器官，甚至影响胎儿大脑的发育，导致儿童智力低下。

噪声的恶性刺激，严重影响我们的睡眠质量，并会导致头晕、头痛、失眠、多梦、记忆力减退、注意力不集中等神经衰弱症状和恶心、呕吐、胃痛、腹胀、食欲不振等。研究发现，噪声还能使人体中的维生素、微量元素、氨基酸、谷氨酸、赖氨酸等必需的营养物质的消耗量增加，影响人体健康；噪声令人肾上腺分泌增多，心跳加快，血压上升，容易导致心脏病突发；同时噪声可以使人的唾液、胃液分泌减少，胃酸降低，从而增加患胃溃疡和十二指肠溃疡的风险。